绘世人生心理学系列：心态的力量

别让心态毁了你

冠诚◎著

郑州大学出版社

郑 州

图书在版编目（CIP）数据

心态的力量：别让心态毁了你／冠诚著．—郑州：郑州大学出版社，2017.8（2019.10重印）

（"绘世"人生心理学丛书）

ISBN 978－7－5645－4555－0

Ⅰ．①心…　Ⅱ．①冠…　Ⅲ．①成功心理－通俗读物　Ⅳ．①B848.4－49

中国版本图书馆CIP数据核字（2017）第148034号

郑州大学出版社出版发行

郑州市大学路40号　　邮政编码：450052

出版人：张功员　　发行电话：0371－66966070

全国新华书店经销

三河市宏图印务有限公司

开本：145 mm×210 mm　1/32

印张：6

字数：173千字

版次：2017年8月第1版　　印次：2019年10月第2次印刷

书号：ISBN 978－7－5645－4555－0　　定价：35.00元

前言

英国著名文豪狄更斯曾经说过：一个健全的心态，比一百种智慧都更有力量。这句不朽的名言蕴含着一个道理：有什么样的心态，就会有什么样的人生。人类几千年的文明史告诉我们，积极的心态能帮助我们获取健康、幸福和财富；而消极心态则会使我们不能及时把握生活中有意义的东西，即使人生已经到达顶峰，它也会将我们推入低谷。

我们常说要主宰自己的命运，但如果我们不能将躁动的心安顿下来，让浮华的心沉静下来，使脆弱的心坚强起来，让骄狂的心谦逊起来，我们还谈什么主宰命运呢？

请记住，命运不是不可选择和主宰的。如果我们以自己的心灵为根本，以生存和发展为动机，去追求积极而快乐的生活，那么，命运是可以选择的，命运也是可以主宰的。即使处境不利，面临困厄，我们也会寻找和创造自己所希望的生存状态。因为良好的心态可以战胜任何艰难、挫折和压力。

心态是我们真正的主人，它能使我们成功，也能使我们失败。同一件事若由具有积极和消极两种不同心态的人去做，其结果则必然相反，心态决定人的命运。不要因为消极心态而使自己成为一个失败者。要知道，成功永远属于那些怀有积极心态并付诸行动的人。

本书从人生中心态的重要性说起，以人际交往、工作事业、情感家庭、人生境遇、心情感受等多个方面为例，一一为读者详细论述各种不利的心态，深入分析其影响及其带来的后果，为读者拨开疑云重雾，指导读者如何调整心态、把握心态。

全书文字优美，语言流畅，富有哲理，饱含激情，每一章的小节中，或用生动的小故事帮读者阐释心里的困惑，或用最新的心理学理论，对人性的各种表现，详尽论述，深刻剖析。本书立意高远、内容深刻，讲述通俗，极容易为大家所阅读和理解。相信当读者用心阅读和领悟了本书的内容后，就会懂得没有你的同意，谁也不能让你感到自卑和苦恼。拥有积极的心态，就会拥有一生的成功。

编　者

心态的力量

目录

第一章

心态好不好，决定人生好不好

做人哪能没有好心态

一个人要想成功，没有良好的心态是不行的。心理学家告诉我们，以下六种心态是人们成功的前提，必须好好把握。

一、理解心态

一般来说，人际关系上的失败，大部分都归因于“误解”。

对于特定的一系列“事实”或者环境，我们往往指望别人也会跟我们一样做出反应和得出结论。大多数情况下，别人的反应或者立场并不是要为难我们，也不是因为太顽固或者心怀叵测，而是因为他对情况的“了解”和解释与我们不同。

其实，我们也不愿意承认自己的过失、错误、缺点，甚至不承认自己干得不得劲；我们不愿意承认我们不希望出现的情况，这实际上是在欺骗自己。正因为我们看不到真相，所以才无法采取适当的行动。有人说过，每天对自己承认一件痛苦的事实，是一项有益的训练。成功者不仅不欺骗他人，而且对自己也很诚实。我们所说的“真诚”本身，就是以对自我的理解和诚实为基础的。用“合理的谎言”欺骗自己的人，没有一个能说得上是真诚的。

相信别人是真诚的而不是心怀敌意的，即使事实并非如此，也有助于缓和人与人之间的紧张关系，使人与人更深刻地互相了解。

二、有勇气的心态

有了目标，了解了情况还不够，你还必须有行动的勇气，因为只有通过行动才能把目标、希望和信念转化为现实。

有人说，忠诚是虽有证据也绝不相信某事。而勇气则是不计后果地去做某事。

世界上没有一件事可以绝对肯定或保证。一个成功者和一个失败者之间的区别，往往不在于能力大小或想法的好坏，而在于是否有勇气信赖自己的想法，并在适当的程度上敢于冒险和行动。

也许你在行动中随时都可能犯错误，你所做的决定也难免有失误，但是绝不能因此而放弃自己追求的目标。你必须有勇气承担犯错误的风险、失败的风险、受屈辱的风险。走错一步总比一生中都原地不动要好一些。因为人向前走就可以获得矫正前进方向的机会。

三、宽容心态

成功者总是对别人有兴趣、关心别人，他们体谅别人的困难和要求。

一个人对别人宽容时，他也必定对自己宽容。学会不在你心中谴责别人，不要评价别人，不要因为他们的错误而责怪和憎恶他们。你觉得别人更有价值的时候，你就能发展一个更佳的、更合适的自我意象。

对别人的宽容之所以是成功型个性的体现，是因为这意味着这个人正视现实。人是重要的，人不能永远被当作动物或机器，或者当作达到个人目的的牺牲品，不管是在事业上或者是在人与人之间的关系上。

四、尊重心态

在生活中的陷阱和深渊中，最可怕的就是自己不尊重自己，这种毛病又是最难克服的。因为它是由我们自己亲手设计和挖掘的深渊。

而一向尊重自己的人不会对他人抱有敌意；他不需要去证明什么，因为他可以把事实看得很透彻；他也不需要别人证明自己的要求。

“尊重”这个词意味着对价值的欣赏。欣赏你自己的价值并不等于自我中心主义，因为人们需要自我尊重。

自我尊重的最大秘密是：开始多欣赏别人，对任何人都要有所尊敬，你和别人打交道时要留心考虑，训练自己把别人当作有价值的人来对待，这样，你会惊奇地发现，你的自尊心也加强了。因为真正的自尊并不产生于你所成就的大业，你所拥有的财富，你所得到的荣誉，而是你对自己的欣赏。

五、自信心态

自信建立在成功的经验之上。我们开始从事某种活动时，很可能缺乏信心，因为我们没有经验不知道我们是否会成功。学习骑自行车，在公开场合演说或者进行外科手术都是如此。成功孕育着成功，这个道理完全正确。一次小的成功可以成为巨大成功的基石。

另一个重要的技巧，是养成记住过去的成功而忘却失败的习惯。

通常我们不仅记住失败，而且带着感情色彩把失败深深印在心里。

过去你失败过多少次并不重要。重要的是记取、强化和专注成功的尝试。查尔斯·凯特林说过，任何一个年轻人如果想要成为科学家，都必须准备在获得一次成功之前失败九十九次，而且不因为这些失败而损伤自我。

回忆过去勇敢的时刻是恢复自信最有效的方法；而有很多人却因为一两次失败而埋葬了美好的回忆。他说，如果我们系统地重温记忆中勇敢的时刻，我们就会惊奇地发现，我们比想象中要勇敢得多。欧弗豪尔塞博士介绍说，生动地回忆过去的成功和勇敢的时刻，是我们自信心动摇时极其有益的训练。

六、承认自我

只有一个人在某种程度上承认自我时，他才能得到真正的成功和幸福。世界上最不幸、最痛苦的莫过于尽力要使自己和别人相信自己本来不是这副样子。一个人最终抛弃了虚伪和矫饰，主动表现出来本面目时，他得到的轻松与满足是无可比拟的。

定位决定你的人生

一个人的心态在某种程度上取决于他对自己的评价，这种评价用一个通俗的名词表示就是——定位。你在心中给自己定位成什么，你就是什么，因为定位能决定人生，定位能改变人生。

一个乞丐站在地铁出口卖铅笔，一名商人路过，向乞丐杯子里投入几枚硬币，匆匆而去。过了一会儿商人回来取铅笔，说：对不起，我忘了拿铅笔，因为你我毕竟都是商人。几年后，这位商人参加一次高级酒会，遇见了一位衣冠楚楚的先生向他敬酒致谢：原来他就是当初卖铅笔的乞丐。生活的改变，得益于商人的那句话：你我都是商人。故事告诉我们：当他定位于乞丐，他就是乞丐；当他定位于商人，他就是商人。

定位概念最初由美国营销专家里斯和屈特于1969年提出，即商品和品牌要在潜在消费者心中占有位置，企业经营才会成功，随后定位外延扩大到大至国家、企业，小至个人、项目等，均存在定位的问题，且事关其成败兴衰。

汽车大王福特自幼帮父亲在农场干活，12岁，他就在头脑中构想用能够在路上行走的机器代替牲口和人力，而父亲和周围的人都要他在农场做助手，而福特坚信自己可以成为一名机械师。于是他用一年的时间完成了别人要花费三年时间的机械师训练，随后他花两年多时间研究蒸气原理，试图实现他的构想，未获成功；随后他又投入到汽油机研究上来，每天都梦想制造一部汽车。他的创意被大发明家爱迪生所赏识，邀请他到底特律公司担任工程师。经过十年努力，29岁时，福特成功制造了第一部汽车引擎。

今日美国，很多家庭都有一部以上的汽车。福特的成功，不能不归功于他定位的正确和不懈的努力。

反过来说，就算你给自己定位了，如果定得不切实际，或者没有一种健康良好的心态，也不会取得成功。

有位大学生，大学期间各门功课成绩都是优良，毕业后被分配到一个偏远闭塞的小镇上。从梦想的伊甸园，进入平庸、烦琐的现实，他觉得像从天堂掉进了地狱。为了改变自己的命运，他把全部希望都寄托在研究生考试上，并将这看成他生活的唯一出路。但是，由于诸多烦恼困扰，他名落孙山了。为了自己的前途，凭借着强大的意志一次又一次捧起书本，却因极度的烦恼而毫无成效。第三次失败之后，他停止了努力。

悲哀、苦恼、绝望将他紧紧地包围，他开始天天喝酒买醉，不再上班，他的精神已经彻底崩溃了。短短的四年，竟成了一生的终结。

从故事中我们不难看出，这位大学生的种种遭遇，都因烦恼而起。烦恼虽然是一种情绪，但却具有强大的破坏力，一旦我们沾染上它，压力也就悄然而至了。这样恶劣的不良情绪，会让我们主动放弃努力。它就会像指挥木偶一样指挥着我们，使我们生活在痛苦之中。人在烦恼时，可使意志变得狭窄，判断力、理解力降低，甚至理智和自制力丧失，做出一些非正常行为。烦恼不仅使我们的心灵饱受煎熬，同时它还会摧毁我们的肌体。

条条大路通罗马，我们应从这件事中吸取教训。

其实，明确了自己的定位，就会积极向着定位前进，自身的烦恼自然也会消除，又怎么会被压垮呢?

人可以老，但心不能老

有位老师曾问她的学生：“你幸福吗?”

“是的，我很幸福。”学生回答。

“经常都是幸福的吗?”老师再问道。

“对，我经常都是幸福的。”

“是什么使你感觉幸福呢?”老师继续问道。

“是什么我并不知道，但是，我真的很幸福。”

“一定是有什么事物才使得你幸福的吧！”老师继续追问着。

“是啊！我告诉你吧！我的玩伴们使我幸福，我喜欢他们。学校使我幸福，我喜欢上学，我喜欢我的老师。还有，我喜欢上教堂，喜欢上主日学校，也喜欢那里的老师们。我爱姐姐和弟弟。我也爱爸爸和妈妈，因为爸妈在我生病时关心我。爸妈是爱我的，而且对我很亲切。”

老师认为在她的回答中，一切都已齐备了——和她玩耍的朋友（这是她的伙伴）、学校（这是她读书的地方）、教会和她的主日学校（这是她做礼拜之处）、姐弟和父母（这是她以爱为中心的家庭生活圈）。这是具有极单纯形态的幸福，而人们最高的生活幸福亦莫不与这些因素息息相关。

老师又向一群少年、少女提出过相同的问题，并且请他们把自认为“最幸福的事”一一写下来。他们的回答越发令人觉得感动。

“有一只雁子在飞，把头探入水中，而水是清澈的；因船身前行，而分拨开来的水流；跑得飞快的列车；吊起重物的工程起重机；小狗的眼睛……”

还有一些人的回答如下：

“倒映在河上的街灯；从树叶间隙能够看得到红色的屋顶；烟囱中冉冉升起的烟；红色的天鹅绒；从云间透出光亮的月儿……”

虽然这些答案中并没有充分表现出完整性，但无疑却存有某些宇宙美的精华。想要成为幸福的人，重要的秘诀便是：拥有清澈的心灵，可以在平凡中窥见浪漫的眼神，保有赤子之心，以及单纯的精神。

很多知足者都拥有一颗年轻的心，也因此，他们更容易获得幸福。

如果我们想改变自己的世界，首先就应该改变自己的心态。心态是正确的，我们的世界也会是正确的；当我们抱着积极心态时，遇到的一些困难与挫折便会在我们面前低头。

你的未来心态说了算

亨利曾写过这样的诗句："我是命运的主人，我主宰自己的心灵。"

是的，只有你才是自己命运的主人，只有你才能把握自己的心态，而你的心态也塑造着自己的未来，这是一条普遍的规律。我们能够把扎根于人的心灵中的思想和态度转化成有形的现实，不管这种思想和态度是什么。我们能很快把贫穷的思想变成现实，同样也能很快把富裕的思想变成现实。

也许有人会问："老天生来就待我不公，我生下来就有生理缺陷，那我该怎么办呢?"如果你属于这类"不幸者"，那就想想海伦·凯勒的人生经历吧！还有谁能比一个又聋，又哑的盲人女孩更为不幸的呢？可她成了美国著名的作家。也许你又觉得这是世上仅有，那么你可以看看下面这则平凡人的故事。

有一个名叫丹普赛的孩子，他生下来就是一位残疾人，四肢不全，只有半边右足和一只右臂的残端。作为一个孩子，他想跟别的孩子一样从事运动。他喜欢踢足球。他的父母亲就给他做了一只木制的假足，以便使他能穿上特制的足球鞋。丹普赛一小时接着一小时，一天接着一天地用他的木脚练习踢足球，努力在离球门愈来愈远的地方将球踢进去。时间不负有心人，慢慢地他变得极负盛名了，以致新奥尔良的圣哲队雇他为球员。

当丹普赛用他的跛腿在最后两秒钟、在离球门 63 码的地方破网时，球迷们的欢呼声响遍了全美国。这是职业足球队当时踢进的最远的球。这次圣哲队战胜了底特律雄狮队。

底特律雄狮队的教练施密特说："我们是被一个奇迹打败的。"对许多人来说，这确实是一个奇迹。

"丹普赛并不曾踢中那个球，那球是上帝踢中的。"底特律雄狮队的后卫沃尔凯说。

丹普赛的故事对我们有什么启示呢？

不论你在生理上是否有残疾，不论你是儿童还是成人，从丹普赛的故事中，你都能从中得到以下启示：

（1）那些怀抱热烈的愿望以达到崇高目标的人，才能走向伟大。

（2）那些以积极的心态不断努力的人，才能取得并保持成功。

（3）在人类的任何活动中，要走向成功，就必须实践、实践、再实践。

（4）当你确立了特殊目标时，努力和劳动就会变成乐事。

（5）对那些被积极的心态所激励，想成为成功者的人来说，遭遇任何逆境，都会同时产生一粒等量或更大利益的种子。

人的一生，就像一趟旅行，沿途中有数不尽的坎坷泥泞，但也有看不完的春花秋月。如果我们的一颗心总是被灰暗的风尘所覆盖，干涸了心泉、黯淡了目光、失去了生机、丧失了斗志，我们的人生轨迹岂能美好？而如果我们能保持一种健康向上的心态，即使我们身处逆境、四面楚歌，也一定会有"山重水复疑无路，柳暗花明又一村"的那一天。

而且，就现实的情形而言，悲观失望者一时的呻吟与哀号，虽然能得到短暂的同情与怜悯，但最终的结果是别人的鄙夷与厌烦；而乐观上进的人，经过长久的忍耐与奋争，努力与开拓，最终赢得的将不仅仅是鲜花与掌声，还有那饱含敬意的目光。

虽然，每个人的人生际遇不尽相同，但命运对每一个人都是公平的。不要总说生活怎样对待你，而是应该问一问，你应该怎样对待生活。

如果你对自己很有把握，充满了自信，就会保持乐观向上的心绪，相信自己能够做成任何事情。患得患失以及根深蒂固的自卑心理都会影响到你的自我感觉，进而影响你得到成功的能力。然而，在个人奋斗的历程中，由于没有把握好自己的心态，我们就容易犯各种错误。

你是否有过这样的经历：下定决心去做一件能让自己的生活发生重大变化的事，但却未能坚持到底。如果有的话，那你或许体验过对成功的恐惧。人们恐惧成功有各种各样的原因：

第一种，害怕产生负面的结果。

南茜曾先后三次被列为同一个职位的提拔对象，但每一次她的某些行为都使她的老板不得不重新考虑此事。南茜的确想得到提拔，但如果真的如愿以偿，她挣的钱将第一次超过她的丈夫，她担心这会令她丈夫产生危机感，进而感觉她不那么可爱了。

第二种，害怕最终会失败。

许多人担心一开始如愿了，可最终还是失败了，这种心态也导致了很多人的失败。

吉尔很想去秘书处工作，但是内心深处又担心，要是真的得到了这份工作，她难以胜任。因此，她总是有意断送获得这份工作的机会。

第三种，担心被束缚。

杰夫喜欢从事与计算机相关的工作，并且十分在行。他的老板打算提拔他到计算机部门，但每当老板就要拍板时，杰夫准会犯个大错。他担心如果老板真的把他调到这个部门，而他又不喜欢计算机了，那样他就永远被困在那儿了。

如果真有类似的情形发生，你就要采取一些措施克服担忧或恐惧，下列办法或许对你有所帮助。

1. 弄清忧虑所在

找出你真正担心的东西是什么。吉尔并不担心经不起刚开始的考验，她所担心的是得到那份工作之后可能面临的失败。

2. 消除恐惧

南茜担心如果自己挣钱比丈夫多，会令他产生危机感。对于她而言，解决问题的唯一办法就是与丈夫开诚布公地商量这件事。

3. 预测最坏的结局

问一下自己，“最坏的结果会是什么？”对杰夫来说，他担心调入计算机部门而被困。这件事最坏的结果不过是他不得不回到自己原来的岗位或者另找一份新工作罢了。

失败会给人生带来破坏性的影响，但它也可以转化成有益的经验。把失败当作经验，不吃一堑，难长一智。

在生活中，失败是使我们的各种计划更趋完善的一种方式。比如你正在实施一项减肥计划。成功促使你不断地坚持下去。在最初的两个月里，你平均每周能减轻两磅。可后来情况发生了变化，你又反弹了一磅。这一小小的倒退是帮你完善你的减肥计划的重要一环。只要你从此更加注意自己的热量摄入，坚持锻炼，你的体重会再次下降的。

失败、风险和变革都是个人进步和事业发展中的关键环节。如果不冒风险，那你永远都不会前进。

所有的人都会有失败的时候，重要的是犯了错误，应及时承认错误并且思考如何去弥补它。

不要被失败所困，花点时间找出失败的原因，并从中汲取教训。如果你不能摆脱失败的影响，你将裹足不前。

一件事情上的失败绝不意味着你的整个人生都是失败的，失败只是暂时的受挫，不要把它当成生死攸关的问题。永远保持积极的心态，你离成功将更近一些。

生活也可以“归零”再来

有人把成功的心态浓缩成三点基本要素：第一，必须胸怀大志；第二，有了志向和目标，要努力去实现它；第三，自己已经了解的新意念要设法推荐给别人。做到了这三点，成功的路就在你脚下了。

要想成功，必须学会支配自己的命运。那么，究竟应该怎么做呢？

你想改变自己的命运，就必须积极思考，努力工作。要成功，首先就得想成功。因为人们的行动受思想的影响和控制。先是想到什么，然后才会去做。你想使自己成为什么样的人？就朝着你想的去努力，便会成为什么样的人。

每个人都可以支配自己的思想。思维活动是由大脑控制的，要想我们积极开动脑筋，就能决定想些什么，同时舍弃无用的思想，多创造积极的，充满活力的，能导致成功的思维。想好了再付诸行动，还怕不成功吗？所以，首先要积极地思考，成功的步伐才能迈得更快。

一、珍惜光阴

“一寸光阴一寸金”，时间就是金钱，任何事物都能够用时间来衡量。电力以千瓦时计算，生产量以劳动时间计算。

我们在工厂里所提到的单位劳动时间和生产量，就是指每一个工人平均每小时的生产量。但我们不能借人数的增加使劳动时间增加，而只能努力提高劳动生产力，使单位时间内的产量增加，因为时间对我们来说是有限的。除去最低限度的休息时间，一天最多是 18 小时，就算一分钟不休息，一天也不过 24 小时，再有能力，再有办法，也不可能有更多的思考工作时间。

所以，要想早日获得成功，就丝毫不能浪费宝贵的思考时间。

二、吃一堑长一智

有些人喜欢自寻烦恼，常常为过去做错的事，遭遇的失败而懊悔，整天唉声叹气，后悔不该做这不该做那，结果把宝贵的思考时间都丢进泥沟里去了。

遭遇失败并非百分之百的不好，关键是要从失败中总结经验教训。失败是成功之母，人的一生本来就是踏着失败走过来的，只有面对现实，不断从失败中吸取经验，才能到达成功的顶点。

三、要自我解脱

有些人总是忧心郁郁，为遥远的将来坐立不安。哎呀！我的薪水也许不会再升了；这次我可能要被裁减；未来的世界不知要变成什么样……总是在担心中过日子，时间在你身边悄悄溜走，一天一天就被你浪费掉了。

未来的事考虑得再多，对现在也无任何益处。未来怎样，全在于你今天做得怎样。今天的事，全在于你今天切实的思想和行动。所以，好好把握今天吧，及早改正这种杞人忧天的坏毛病，使自己得到解脱。

四、要看得起自己

你是否常常把自己看成是世界上最应该同情的，最可怕的，最命苦的人呢？你是否常常嫉妒和羡慕别人，对任何事物都产生反感呢？如果是，最好立刻丢掉这些不良情绪。

要想别人看得起你，首先你要看得起自己。每个人都要建立应有的自尊心，不要整天做出一副可怜虫的样子，这样不但不能引起别人的同情，还会招致厌恶和反感。我们要使自己的大脑中充满健康的、积极的思想，努力去除无用的、消极的思想，转换一下你心中的开关，让它放出美妙动听的旋律。

你的命运自然由你做主

我们应该做命运的主人，而不应由命运摆布自己。

西方哲学家蓝姆·达斯曾讲了一个真实的故事。一个因病而仅剩下数周生命的妇人，却将所有的精力都用来思考和谈论死亡有多恐怖。以安慰垂死之人著称的蓝姆·达斯当时便直截了当地对她说："你是不是可以不要花那么多时间去想死，而把这些时间用来活呢?"

这名妇人初一听觉得非常不快。但当她看出蓝姆·达斯眼中的真诚时，便慢慢地领悟到了他话中的诚意。

"说得对!"她说，"我一直忙着想死，完全忘了该怎么活了。"

一个星期之后，这名妇人还是过世了。她在死前充满感激地对蓝姆·达斯说："过去一个星期，我活得要比前一阵子丰富多了。"

另有一位朋友，因为幼年时患了一场大病，命虽保住了，但下肢却瘫痪了。他的父亲是邮局干部，因此在他中学毕业后设法在邮局给他安排了一份可以坐着不动的工作，工资及各种福利待遇都与常人无异。在这个岗位上，他干了三年。按说，一个重残的人，能有一份这样安稳有保障的工作，应该感到十分满足了。他的许多身体健康的同学，都还在为谋一份职业而四处奔波求人呢。但他却辞职了，因为他在人们的眼光中，不但看到了同情，更看到了怜悯还有不屑。他的自尊心在这种目光中一次次被刺伤，所以纵是父亲的耳光和母亲的哭求都没能阻止他。

辞职后他先是开了一间小书店，但不到半年便因城市改造房屋拆迁而不得不关门。之后，他又与人合办了一家小印刷厂，也仅仅维持了一年多，便因合伙人背信弃义而倒闭。两次经商，都没成功，而且还债台高筑，这时他的父母和朋友们又来劝他说："你一个残疾人，就别胡折腾了，多少好手好脚的人都碰得头破血流呢，何况你！"父亲劝他趁自己还在领导岗位上，他还是老老实实回邮局上班算了。但他还是没有回头，而是选择了开饭店。

这次他吸取前两次的教训，一年下来，小饭店竟赢利两万多元，于是他又开了两家连锁店。10年之后，他的连锁饭店不但在他居住的城市生根开花，而且还不断在周边的大小城市一间间开张了。他自然也就成了事业成功的老板，且娶了漂亮能干的姑娘。当有人问他成功的经验时，他说了很多，但他说最重要的就是千万不要同情自己。别人同情你不要紧，若自己同情自己，就会成为懦夫，而没有勇气去奋斗，一辈子只能在别人的同情中生活。

当你遭受损失、挫折的时候。不要把焦点放在你无法挽回的部分，而要把焦点放在"生活里还有那些值得感谢""还能为自己做些什么"的部分。当自己的情绪呈现负面或消极的时候，要确保自己的意念完全投注在解决办法上，而非问题上；学着即使在与不幸共存的时刻，还能够积极向上、活在此刻。那么，即使面对再艰难的景况，我们都还能保持内心的宁静；在苦难突然降临的时候，我们能沉着冷静地应对，从而主宰自己的命运。

做人，心情很重要

很多时候，人总是面临两种期待：自己的期待和别人对自己的期待。

两种期待都在塑造我们的人格，尤其是后一种。当我们在他人特别是互动的另一方的期待下如此这般地创造和扮演自己所选择的角色时，他人的期待就成为我们人格的一部分：有人必须做出忍气吞声的样子以完成下属的角色；有人必须时刻气宇轩昂以维护偶像的气质。

小文在朋友的公司里供职，为了朋友的信任和自身价值的实现，她兢兢业业、任劳任怨，在几次大的业务活动中表现出色，深为朋友赏识。但是后来公司的规模越来越大，她和朋友在很多公司的企划和问题的处理上看法不一，甚至分歧很大。小文不愿因为彼此的意见不合而伤了她们多年来的友情，但也不愿违背自己的意愿做事，她向别人诉说，那段日子她像钻进了一个没有门的围城，很困惑，她不停地问自己该怎么办。

她的另一个朋友给她讲了琴手谭盾的故事。谭盾初到美国时，只能靠在街头卖艺生存，那时有一个较赚钱的地盘——一家银行的门口，和谭盾一起拉琴的还有一个黑人琴手，他们配合得很好。后来谭盾用卖艺的钱进入大学进修，十年后，谭盾已是一位在国际上知名的音乐家了。一次他发现那位黑人琴手还在那家银行门前拉琴，就过去问候，那位黑人琴手开口便说："嘿！伙计！你现在在哪个最赚钱的地盘拉琴？"

听完故事，小文似乎有些如释重负。后来听说她提出了辞职，再后来遇见她时，她说："生活真是公平，我现在有了自己满意的工作，用自己的智慧创造着财富，而我的朋友也用她的机智走向了另一条成功的道路。放弃不但使我们之间的友谊更加坚固，还成就了我们各自的事业。"

小文的经历应该给我们以启迪：人，必须懂得及时抽身，离开那些看似最赚钱却不能再进步的地方；人必须鼓起勇气，不断学习，才能开创出生命的另一高峰。

很多人不愿意放弃自己所拥有的东西，虽然这些东西给你带来过快乐，但是它就像手中的沙子，你越想抓得紧些，它就越是从你的指缝中溜走。其实放弃也是一种智慧，它能让你高瞻远瞩，更加快乐。

有位留美的计算机博士，毕业后在美国找工作，结果好多家公司都不录用他。思来想去，他决定收起所有的学位证书，以一种“最低身份”去求职。

不久，一家公司录用他为程序输入员。这实在是大材小用，但他仍干得一丝不苟。不久，老板发现他能看出程序中的错误，非一般的程序输入员可比。这时，他亮出了学士证，老板给了他一个与大学毕业生相称的工作。

过了一段时间，老板发现他时常能提出独到的有价值的建议，远比一般大学生高明。这时他亮出了硕士证。老板又提升了他。

再过一段时间，老板觉得他的能力还是高人一筹。经了解，才知他是博士。这时，老板对他的水平已有了全面认识，毫不犹豫地重用了他。

在协调两种期待的策略上，那位留美博士的反序安排，给人的启迪意味深长。

人们在尘世的喧嚣中日复一日地各自奔波劳碌着，像蜜蜂般振动着生活的羽翅，难免会有种种不安。

只要平静地对待取舍，放弃应该放弃的，轻松地放飞自己的心灵，用一种透明的情绪观察周围的一切，就会发现，其实，置身于尘世的喧嚣并不可怕，可怕的是过于沉重地审视尘世的喧嚣而使自己的心境躁动不安。

由钢筋水泥簇拥而起的高楼将狭长的影子倾覆在熙熙攘攘的街道上，空中纵横的电线密如蛛网，偶尔栖落几只可爱的小麻雀，远远望去，如活蹦乱跳的音符，透过喧嚣，竟给人一种恬淡明澈的美妙。

心灵澄澈才会灵动，并因灵动而产生轻松而美妙的韵律，这是一种奇特的透射能量，能穿越光怪陆离的霓虹与灯红酒绿，穿越红尘沉浮与大悲大喜，化解喧嚣于无形之中。放飞心灵的自由，我们才能在轻松的心境下收获更多。

夹缝中生活，心态不好怎么成

现实生活中，很多人都感到人与人之间没有了信任，多了猜忌，草木皆兵，个个敌意仇视。有锋芒的收敛了，不圆滑的圆滑了，本就圆滑的变得狡诈了。人人都在学着夹起尾巴做人。

人心叵测，如意算盘自己打，今天是朋友，明天是敌人，哀叹声中，人活着真累呀！

现实生活如是，职场中依然如是。老板与职工间没了信任，多了防范。有的公司管理人员，不知是什么地方出了毛病，视职工为奴仆，处处设防、设卡，当贼防着。这种管理机制，使得许多职工既愤懑又无奈。这种职场压力，使得一些职工身心受损，造成心理变态，工作多了被动，没了从容；多了消沉，没了干劲。一些职工为了泄愤，故意毁物，给公司制造间接损失。说起来实在可悲可叹！

在你的任职单位是否也有类似情况？也许你就在这样的公司任职，那么，如何对待这种生活的不公平所造成的心理失衡和由此产生的压力呢？

著名大提琴家卡萨尔斯当年已90高龄，还是每天坚持练琴4~5小时，当乐声不断地从他的指间流出时，他俯曲的双肩又变得挺直了，他疲乏的双眼又充满了欢乐。美国堪萨斯州威尔斯维尔的莱顿直至68岁才开始学习绘画。她对绘画表现出极大热情，她在这方面获得了惊人的成就，同时也结束了折磨了她至少有30年的苦难历程。

美国文学家爱默生曾写道：“人要是没有热情是干不成大事

业的。”大诗人乌尔曼也说过：“年年岁岁只在你的额头上留下皱纹，但你在生活中如果缺少热情，你的心灵就将布满皱纹了。”

人们只有有了热情，才能把额外的工作视作机遇；才能把陌生人变成朋友；才能真诚地宽容别人；才能爱上自己的工作，不论他是什么头衔，或有多少权力和报酬。人们有了热情，就能产生浓厚的兴趣和爱好；就会变得心胸宽广，抛弃怨恨和仇视；就会变得轻松愉快，当然，还将消除心灵上的一切皱纹，也就没有了生活的挤压感。无论是职场的，还是心理的压力都会消除。

耐心是一种美德，他能使你达成一个更平静、更成熟的自我目标。你越有耐心，就越愿意去接受现有的一切，而不是坚持生活应精确地成为你所希望的样子。没有耐心，生活就极易受挫，你便很容易烦恼、迷惑和急躁。耐心能给你的生活增加轻松和承受的维度。它对内在的平静至关重要。

变得更有耐心，包括向现在时刻敞开胸怀，即使你并不喜欢它。当你这样做时，你将变成一个更耐心、更平和的人，并且，通过某种奇怪的方式开始享受那些曾使你感到束缚、制约、怨恨、恼怒、敌视或压抑的时刻。这样，你将不会感觉生活在夹缝当中。给自己一个心灵的空间，那么生活的空间也就宽松多了。

我们应该热情耐心地学会接受生活中不公的事实，生活不公平，这是令人失望的，但的确是事实。

我们许多人犯的一个错误便是我们为自己，或为他人感到悲哀，认为生活应该是公平的。事实并非如此。当我们犯这个错误时，我们往往会花大量时间沉溺或困惑于生活的不公正。我们同别人一同悲叹，讨论着生活的不平之处。“这不公平”，我们抱怨着，却没有认识到，也许，生活并没有打算公平。

认可“生活是不公平的”这一事实的一个好处便是，它可鼓励我们尽最大可能善待我们所拥有的一切，以此来阻止我们自怨自艾。我们知道使一切完美并不是“生活的义务”，它是我们自己的挑战。

当我们没有认识到或不承认生活本来就不公平时，我们往往会为他人和我们自己感到遗憾。当然，遗憾除了使大家感到更加糟糕以外别无他用。而当我们确实认识到生活本来就是不公平的时候，我们将对他人和自己感到同情。同情是种诚挚的情感，它向不幸的人们传达友善。下次当你发现自己在考虑世界的不公平时，尝试提醒自己这个基本的事实。你可能会对它能够使你跨出自哀自怜，转向有益的行动而感到惊奇。

振作起来，是一种美好的心情，比十副良药更能解除心理或生活中的疲惫和痛楚。

千般滋味都尝过的人生才是完整的人生，如此完整地走过天堂与炼狱应视为一种幸运。让我们以感恩的心情静待已发生和将要发生的一切吧！求存在生活的夹缝中，让我们多些宽容和大度，少些怨恨和责难，这样，在竞争极为激烈的职场中先占有一席之地，得以温饱足矣。有了最基本的生活保障后，再以宽容的心态面对世事，给自己赢得一个广泛的生存空间才是真正必要的。且记住“宽解为怀！宽解为怀！”

第二章

人情世故如此繁杂，心态不好怎么应对

微笑其实是一笔财富

只有人类才会笑。树木受伤时也会流“血”，禽兽也会因痛苦和饥饿而哭嚎哀鸣，然而，只有人具备笑的天赋，可以随时开怀大笑。

有位作家曾写到：我要用笑声点缀今天，我要用歌声照亮黑夜；我不再苦苦寻觅快乐，我要在繁忙的工作中忘记悲伤；我要享受今天的快乐，它不像粮食可以贮藏，更不似美酒越陈越香。我不是为将来而活，今天播种今天收获。

笑声中，一切都显露本色。你笑自己的失败，它们将化为梦的云彩；你笑自己的成功，它们回复本来面目；你笑邪恶，它们离你而去；你笑善良，它们发扬光大。你要用你的笑容感染别人，虽然你的目的自私，但这才是成功之道，因为皱起眉头会让别人弃你而去。记住：微笑能带来财富。

经过三个月的紧张施工，装潢富丽的科尼克亚购物中心马上就要重新开业了。这家大商场处在巴黎市中心，它以出售法国纯正葡萄酒而享誉海内外。

但是让购物中心经理犯难的是，导购小姐工作装的款式至今还没定下来。他望着7家服装公司送来的竞标样品，尽管都设计得简洁美观而富有特色，但他还是感觉到缺了点什么，为此他不得不打电话向他的老朋友——世界著名时装设计大师丹诺·布鲁尔征求意见。这位83岁的时装设计师听明白这位经理朋友的意思之后，说：“其实穿什么衣服并不重要，只要面带微笑。”

现在，科尼克亚已发展成了巴黎最大的购物中心之一，同时它也是巴黎少有的几家没有统一着装的购物中心，在这儿你可看到穿芭蕾舞裙的导购小姐。也可以看到脚蹬溜冰鞋的售货员，然而她们的服务和微笑被公认是世界一流的。

当我们受到别人的伤害时，当我们遇到不如意的事情时，好多人只会流泪诅咒，却怎么也笑不出来。有一句至理名言，传自远古时代，它们将陪你渡过难关，使你的生活保持平衡。这句至理名言就是：这一切都会过去。

世上种种到头来都会成为过去。心力衰竭时，你安慰自己，这一切都会过去；当你因成功洋洋得意时，请提醒自己，这一切都会过去；穷困潦倒时，请告诉自己，这一切都会过去；腰缠万贯时，你也告诉自己，这一切都会过去。是的，昔日修筑金字塔的人早已作古，埋在冰冷的石头下面，而金字塔有朝一日，也可能会埋在沙土下面。如果世上种种终必成空，我又为何对今天的得失斤斤计较呢？

从今往后，我们只因幸福而落泪，因为悲伤、悔恨、挫折的泪水毫无价值，只有微笑可以换来财富，善言可以建起一座城堡。

一句简洁而切中要害的忠告可以拯救一个企业，同样，一句好的忠告也可以改变一个人的一生。

小梅16岁那年，第一次参加学校组织的一次舞会，对自己穿什么衣服犹豫不决。小梅想使自己尽量显得妩媚，但却又害羞得要命，她想合适的衣服也许能给她增加魅力和勇气。做教师的妈妈看透了她的心，走过来对她说："只要你面带微笑，没有人会关注你的衣服。"

那晚，妈妈的忠告不仅使小梅成为最富有吸引力的舞伴，而且让她受益至今，且快乐无比。

只要你能笑，就永远不会贫穷。这也是天赋，你将不再浪费它。只有在笑声和快乐中，你才能真正体会到成功的滋味；只有在笑声和欢乐中，你才能享受到劳动的果实。如果不是这样的话，你会失败，因为快乐是美酒佳酿。要想享受成功，必须先有快乐，而笑声便是那伴娘。

你其实用不着自卑

对自身的蔑视和残忍可以有不同的表现方式。自卑感便是最常见的对自我的憎恨。在现实生活中，很多人缺少某种能力，却认为他人都拥有那种能力，这是经常发生的事。我们当中很多人因此会感到自卑，与自己过不去，轻视自己，这是许多悲剧的根源所在。

我们希望像他人那样去生活，买相同的衣服、相同的家具，像他们一样地说话、做事。我们将自我置于别人的人格之下，鞭打自己的灵魂，批判自己。无限夸大别人的能力，这种夸大又反衬出自己的渺小，这是伤害自我的致命武器。我们会觉得自己的人格极不完善，有各种各样的缺点和不足，而别人却完美无瑕，显得沉着自信。这种感觉是极其荒谬的。我们应该明白，别人的内心世界也同样残留着过去失败所留下的伤疤。懂得了这一点，我们就不会再把自己破裂的伤口看得那么严重。

把自己的能力看得过低，这在生活中并不罕见。有一个男孩，觉得自己万事不如人，觉得自己配不上幸福的爱情，为此感到很自卑。有很多优秀的女孩都很喜欢他，他却置之不理。本来他有良好的品格，受人尊重，应该拥有美满的婚姻，但结果却把事情弄得一塌糊涂，人们对他的看法也大大改变了。

生活中类似的事例比比皆是：商人认为自己注定要失败，不敢抓住机会去扩大经营规模；专业人员总认为自己的能力和思想比同事稍逊一筹；成绩优秀的学生为大学里的考试惴惴不安；年轻女子迷人可爱，但与邻居的女孩相比较后，又对自己的社交能力颇感失望。这些人本来极为优秀，但在内心里却憎恶自己。他们内心焦虑不安，没有自己的主见，用别人的判断标准扼杀了自己的信心。

有些人沉醉在自卑感的迷雾中。其实，别人并不是像你看待自己那样看待你。实际上，你是坚强的、睿智的、成功的。你在平凡的日子里创造了不平凡的生活。你拥有幸福的家庭、蒸蒸日上的事业和很高的名望。你受到别人的尊重和热爱，而你自己却戴着有色眼镜，透过茶色的镜片来看自己，这难道不是很可悲么？你对自己的看法是不正确的。摘掉有色眼镜，变得成熟起来，像周围的人一样去承担自己的责任，投身到自己热爱的事业中去。要认识到，你有足够的能力去对付自己遇到的问题，你比你自己想象的要更优秀、更成功、更有能力、更富有创造力。

这些模糊不清的焦虑和对自己的错误看法，会以各种方式表现出来，以下这个例子便证明了这一点：一个小孩死了父亲。但这个孩子却不能正确地对待父亲的死亡，心存疑惑，最后他认为是他的父亲抛弃了他，逃跑了。这个男孩长大后，一直都怀有一种无意识的恐惧，害怕被朋友、老板和社会抛弃。这个男孩不明白，他的父亲是不愿意离开他的；但他在潜意识中却始终很幼稚地认为他的父亲不再爱他了。

人们常在无意识中将自我心灵扭曲。有一个人像小孩一般幼稚地认为，他受到尊重和喜爱是有条件的。他认为，只有按照父母的期望去行事，才是合理的。因为没有内心的信念，总是依靠外在的标准，他可能变成一个冷漠的大商人，一个无情的实业家，只有获取更多的财富才能抵消他内心深处的不安。一个女子在小时候总是依赖别人，从不自立。她的生活也变得极为悲惨，不断离婚，企图寻找神奇的救助者，希望日常生活中能出现奇迹。

唐·璜通常被认为是伟大情人的典型，如果不加仔细研究，觉得好像就是这样的。但事实上，唐·璜未曾真正地爱过，也未曾真正地被人爱过。他在情场上不断地征服女人，这不过是其力图掩盖这样一个事实——他并没有爱的能力，或者说，他只是努力想证明自己的能力，让他自己相信他可以获得爱。他不断地逃离，又不断地去追求，他在逃离和追求的交替中度过了他的一生——他追求转瞬即逝的爱，但他并不相信存在着真正的爱情，他只能逃离。

我们对待自身的错误态度是如何形成的呢？我们自己是怎样的一个人？我们又应该成为什么样的人？对后两个问题的错误观念又是怎样束缚了我们的进一步发展？我们应该运用足够的智慧去弄清这些至关重要的问题。

有些人认为，禁锢在自我的小天地，只顾自己，不关心别人，这是爱自己的表现。我们要么极端轻视自己的能力和品德，要么是自我中心主义者，深受其害还不自知。自恋和自我憎恨都不是真正的自爱。只有当我们远离了这些病态的“自爱”，才能培养出一个健全的人格，才能保持内心的和谐，才能与他人友好相处。我们在逐步学会如何正确地爱自己。这样的自爱有着丰富的内涵，但首先要学会尊重自己。而要学会尊重自己，我们必须抛弃不成熟的观念，坦然地接受自我。

和有钱人打交道是一种什么体验

在这个世界上嫌贫爱富的心态是十分普遍的。但这并不意味着我们不能很好地与富人沟通，如下七种心态对于那些常常要与有钱人打交道的朋友，可能有所帮助。

一、勿自卑

即使你结交的是世界第一大财主，也不要有他在天、你在地的自卑心理，人是生来平等的，若是太过卑怯反而会令人感到不自在。使对方产生戒心或是把“我们家是穷人”“我们是工人出身”时常挂在嘴边，不仅令人厌恶，也易让人产生反感和不舒服。

二、勿谄媚

围绕在有钱人的四周，有太多阿谀谄媚的人，而这些人整天只会喋喋不休地赞美其聪明、美丽、才干等不着边际的事物，为的是能多捞一些钱回来，对这些现象，他们早就习以为常，反倒是不阿谀谄媚的人才能让他们更有新鲜感。

三、别谈钱

往往有钱人对于钱的事最敏感了；若是一直在他身边谈论钱的事情，

不仅容易对你起戒心，也很容易怀疑你，害怕你对他图谋不轨，彼此就不太能有机会接近，更不要说获得他的信赖了。

四、少说话

那些和有钱人交往的人，往往都会多赢得别人几分的注意，还会对你另眼相看；要是再将自己常和有钱人在一起的消息散播出去，特别是流传到有钱人的耳朵里，就会使他们讨厌你，认为你嘴巴靠不住，更别提你的为人，要使其不厌恶就最好别多话。

五、要守时

对于有钱人来说，“时间就是金钱”。若是你不懂这个道理，每次约会都迟到一两分钟，还编了一大堆理由说是因为自己偷懒、动作慢，如此这般，他们会觉得你一定成不了大器，更不会欣赏你。

六、有趣的话题

在谈话中，避免啰嗦，好像三姑六婆说个不停；多选择一些对方专业领域里的话题，抑或是对方极有兴趣却不了解的话题。只要一有了开端，就会欲罢不能，停也停不下来。

七、善分析

和有钱人做简报或报告一些重要事项时，切忌冗长抓不着重点，而要精简明了，条条分明，使人一目了然；再加以口头上的分析及解释，说得头头是道，这样有助于有钱人决策。

挣脱了心灵的枷锁，打破了心中的瓶颈，才能追求一份淡泊宁静；解开了心中的疙瘩，就能释放内心的压抑，输赢得失就如过往云烟，转眼即逝，要追求心灵的自由就得打开心窗，放飞孤独，把自己融入人流之中。

爱自己才能爱别人

爱自己，才会爱别人。在此，我们可用以下方法帮助自己爱自己。

（1）写下十个优点，写完之后默念三遍，然后闭上眼睛在心中再默念三遍。

（2）张开眼睛，伸出双手请别人压一压。

（3）写下十个缺点，写完之后默念三遍，然后闭上眼睛在心中再默念三遍。

（4）张开眼睛，伸出双手请别人压一压，体会一下看看是什么感觉。

相信你实验的结果是在默念优点之后，伸出的双手很难被压下来，为什么？因为它变得较有力，这个小小试验就是让你具体地体验一下负面的、消极的及正面的、肯定的思想对一个人整体（生理、心理及精神的整合）的影响。

有一个美国医生皮尔叟就曾做过一个研究：200 名参加宴会的宾客品尝了同样的食物之后，其中一半的人食物中毒，但另一半人却安然无恙，他觉得好奇，想了解其中的奥妙，结果发现那些未中毒的人生活态度较积极，自我价值极高，对事情较看得开，处事较有弹性，用一句精神心理学的话来说，就是他们的心灵的力量，也就是心能较大、较强，换句话说心能越大，人越健康，因为免疫系统较强些。

其实关于心能的大小强弱对人的各方面都有影响，医生、心理学家等人早已提出各种理论与实验结果，只是我们不知道罢了。

其实，心灵的力量是很容易培养的，因为人的心灵是很单纯的，唯一的要求是要相信你自己，肯定你自己，相信你自己是个好人，勤奋、努力、认真、节俭，肯定自己的大方、仁慈、善良……但是，要人相信自己的最大困难，就是人永远与别人比较：我不够好，因为别人比我更好；我不够仁慈，因为张三比我更仁慈；我不够漂亮，因为……人们总是能找到理由否定自己。人是很有意思的动物，许多人很难爱自己却要求得到别人的爱；看到自己的尽是缺点，但当别人指出来时却不高兴；看不到自己的优点，但当别人指出时却不能相信与接受。你说，人是不是很奇怪？其实，在我开始学习了解人性之后，我发现人的问题不少，其中有几点是根本的，就是与别人比较，缺乏自信，爱自我责备，针对这几点，可用以下方法来改善。

第一，跳出“与别人比较”的模式，而成为与“自己比较”的独立的自我。做到这点很不容易，因为我们从小到大所受的教育与社会影响多半是与别人比较，我们已经养成了习惯，但习惯是可以改变的，凡事开头难嘛！最好找一个好朋友一起做，彼此鼓励，彼此切磋与支持。

第二，写下你所有的优点。在许多场合，我要求参与者写下优点时，他们觉得很困难，但要他们写缺点时，却又快又好，所以请大家花一点时间想想自己的优点，若想不出来，就问朋友或家人，有时候反而是别人知道我们的优点比我们自己知道得多。

第三，每天早上、中午及晚上念自己的优点三遍，刚开始可能觉得不自然甚至有些虚假，有了这种感受而仍然去做，在做了一段时间之后，你会发现优点增加了，就加上吧！越多越好。

第四，每天记下自己所做的事，在好事、好的表现如“努力”“认真”“勤劳”等上面打一个记号，在需要改进的事及欠缺的方面如“骄傲”“懒惰”等上面打一个记号，在晚上做一个总记录，做完记录之后，好好地欣赏与肯定自己所做的好事；对需要改进的事则告诉自己说：今天我有些自私，明天我会改进，做的更好些。要谢谢今天所发生的一切人、事、物，感谢它们使你有学习、改进和成长的机会。

第五，用幽默的态度“嘲笑”自己做得不够好的地方，而不要严肃地责怪自己：你看，你又犯了这毛病，怎样搞的，你怎么这么笨，老是学不会，难怪别人都不喜欢你！——转换成：哈！哈！哈！你看你，又过于自我了！我是很努力了，但下次要更小心点，更努力点，哈！哈！哈！

第六，多欣赏别人的优点，包容别人的缺点。

学会热爱自己了吗？如果是，那么接下来你还要学习怎样去热爱他人。

看脸的世界如何看待颜值

在实际生活中，“美貌效应”的现象极为突出：人们见到长相俊俏的孩子，会由衷地喜爱，赞不绝口，亲切热情。孩子的父母更是喜不自胜，恩宠有加。相反，人们对相貌一般的孩子，尤其是长相丑陋的孩子，则缺乏热情，甚至冷淡、歧视、挖苦。人们对待孩子尚且如此，更不用说成人之间了。相貌漂亮的人，尤其是年轻的女子，会在人际交往、婚姻等事情上博得他人的青睐，激起他人的热心相助，事情往往很好办。相比之下，相貌不佳者就没那么“好运”了，他们甚至会处处碰壁，心灰意冷，苦恼不堪，羞于见人，自卑心理严重。

面对既成事实，明智之举不应是叹息、苦恼，而应努力从自己的天赋中寻找“闪光点”。自己很可能拥有一颗聪慧的大脑、灵巧的双手、健美的双腿、强壮的体魄……有人戏谑地说，当代中国艺坛上有四件“宝贝”：潘长江的“个”，梁天的“眼”，陈佩斯的“脑袋”，葛优的“脸”。可以说，这四个人相貌的独特之处，正是他们之所以成为“笑星”的一个极其重要的因素。

其实，仔细发掘，每个人都不会是十全十美的，总会有这样或那样的缺陷。但他们却又都有自己的闪亮之处，要善于发现和发扬自己的闪光点，以己之长补己之短，变不利为有利。

另外，要一分为二，辩证地看待美貌。常言道：“自古红颜多薄命。”自古以来，一些姿色出众的美女，往往为政治家、军事家、商人所威逼和利诱，成为他们争权夺利、尔虞我诈的工具，最终会因他们的阴谋败露而身首异处；一些如花似玉的美貌女子往往会成为一些寻花问柳者寻欢作乐、发泄私欲的“玩物”，待她们人老珠黄时，则又会被一脚踢开，在孤独、悲愤中走完自己的一生。相貌漂亮的人，会在人们的赞扬声中长大，她们难免自我陶醉，久而久之，便滋生傲气或娇气，盛气凌人，为人霸道，不讲道理，自私自利，动不动就发脾气，“不知天高地厚”，做事十分任性。她们思考问题总是以“我”为中心，患得患失，从不顾忌他人，即所谓的“有美貌而无美德”。而且，由于生来一帆风顺，娇生惯养，很多人缺乏吃苦精神，不思进取，不学无术，投机取巧，自以为是，即所谓“容貌出众，头脑简单”。

最后，扬长避短，“以才补貌”。有道是：失之东隅，收之桑榆。自己相貌不佳，是一个“弱项”，完全可以“化不利为有利”，力争从才华、事业、财富等方面弥补自己的不足。读过伟人传记的人都有这样的感受：许许多多的伟人相貌并不是很好，甚至有严重的生理缺陷。他们中也有人曾为自己的相貌或生理缺陷而苦恼，自惭形秽，但是他们并没有因此背上沉重的包袱，沉陷于自卑的泥潭。相貌不佳或生理缺陷反倒激发了他们的奋斗精神，让他们全身心地投入到事业中去，最终创造了辉煌业绩，赢得了自信和自尊。比如像历史上的一些著名人物，如亚历山大、拿破仑、纳尔逊、罗慕洛、晏婴（中国春秋时期人）、康德、贝多芬、济慈，他们生来身材不好，相貌上也“差人一等”，但是他们最终却成为伟大的军事家、外交家、哲学家、音乐家和诗人。他们的形象顶天立地，他们的才智流传千古。

美国杰出的学者戴尔卡耐基说过：“一种缺陷，如果生在一个庸人身上，他会把它看作是一个千载难逢的借口，竭力利用它来偷懒、求恕、懦弱。但如果生在一个有作为的人身上，他不仅会用种种方法来将它克服，还会利用它干出一番不平凡的事业来。”但愿那些深为自己相貌不佳而苦恼、自卑的人，能从这句话中得到启迪，甩掉包袱，振作起来，重新塑造一个美好的形象。

你也可以不用嫉妒

嫉妒是一种难以公开的阴暗心理，它常对人们造成一种严重的心理伤害。日常工作和社会交往中，嫉妒心理常发生在一些与自己旗鼓相当、能够形成竞争的人身上。比如：对方的一篇论文获奖，人们都过去称赞和表示祝贺，自己却木呆呆坐在那里一言不发。由于心存芥蒂，事后也许会就这篇论文，或就对方其他事情的“破绽”大大攻击一番。对方再如法炮制，以牙还牙。如此恶性循环，必然影响双方的事业发展和身心健康。

所以，要克服嫉妒心理首先要先想后果，认清危害性。

其次，如果被嫉妒心理困扰，难以解脱，一定要控制自己，不做伤害对方的过激行为。然后不妨用转移的方法，将自己投入到一件既感兴趣又繁忙的事情中去。

工作及社交中嫉妒心理往往发生在双方及多方，因此注意自己的性格修养，尊重与乐于帮助他人，尤其是自己的对手。这样不但可以克服自己的嫉妒心理，而且可以使自己免受或少受嫉妒的伤害。同时还可以取得事业上的成功，又感受到生活的愉悦，何乐而不为呢?

有意识地提高自己的思想修养水平，是消除和化解嫉妒心理的直接对策。

伯特兰·罗素是20世纪声誉卓著，影响深远的思想家之一，是1950年诺贝尔文学奖获得者。他在其《快乐哲学》一书中谈到嫉妒时说：“嫉妒尽管是一种罪恶，它的作用尽管可怕，但并非完全是一个恶魔。它的一部分是一种英雄式的痛苦的表现；人们在黑夜里盲目地摸索，也许走向一个更好的归宿，也许只是走向死亡与毁灭。要摆脱这种绝望，寻找康庄大道，文明人必须像扩展他的大脑一样，扩展他的心胸。他必须学会超越自我，在超越自我的过程中，学得像宇宙万物那样逍遥自在。”下面是化解嫉妒心理的良方。

1. 胸怀大度，宽厚待人

19世纪初，肖邦从波兰流亡到巴黎。当时匈牙利钢琴家李斯特已蜚声乐坛，而肖邦还是一个默默无闻的小人物。然而李斯特对肖邦的才华却深为赞赏。怎样才能使肖邦在观众面前赢得声誉呢？李斯特想了个妙法：那时候在演奏钢琴时，往往要把剧场的灯熄灭，一片黑暗，以便使观众能够聚精会神地听演奏。李斯特坐在钢琴面前，当灯一灭，就悄悄地让肖邦过来代替自己演奏。观众被肖邦美妙的钢琴演奏征服了。演奏完毕，灯亮了。人们既为出现了肖邦这位钢琴演奏的新星而高兴，又对李斯特推荐新秀的无私行为深表钦佩。

2. 自知之明，客观评价自己

当嫉妒心理萌发时，或是有一定表现时，能够积极主动地调整自己的意识和行动，从而控制自己的动机和感情。这就需要冷静地分析自己的想法和行为，同时客观地评价自己，从而找出一定的差距和问题。当认清了自己后，再评价别人，自然也就能够有所觉悟了。

3. 快乐之药可以治疗嫉妒

快乐之药可以治疗嫉妒，是说要善于从生活中寻找快乐，就像嫉妒者随时随处为自己寻找痛苦一样。如果一个人总是想：比起别人可能得到的欢乐来，我的那一点快乐算得了什么呢？那么他就会永远陷于痛苦之中，陷于嫉妒之中。快乐是一种情绪心理，嫉妒也是一种情绪心理。何种情绪心理占据主导地位，主要靠人来调整。

4. 少一份虚荣就少一份嫉妒心

虚荣心是一种扭曲了的自尊心。自尊心追求的是真实的荣誉，而虚荣心追求的是虚假的荣誉。对于嫉妒心强的人来说，他们好面子，不愿意别人超过自己，以贬低别人来抬高自己。这正是一种虚荣，一种空虚心理的需要。单纯的虚荣心与嫉妒心理相比，还是比较好克服的。而两者又紧密相连，相依为命。所以克服一份虚荣心就少一分嫉妒。

5. 自我抑制，是治疗嫉妒心理的苦药；自我宣泄，是治疗嫉妒心理的特效药

嫉妒心理也是一种痛苦的心理，当还没有发展到严重程度时，用各种感情的宣泄来舒缓是相当必要的。

在这种发泄还仅仅处于出气解恨阶段时，最好能找一个较知心的朋友，或亲友，痛痛快快地说个够，暂求心理的平衡，然后由亲友适时地进行一番开导。虽不能从根本上克服嫉妒心理，但却能中断这种发泄性朝着更深的程度发展。如有一定的爱好，则可借助各种业余爱好来宣泄和疏导。如唱歌、跳舞、书画、下棋、旅游，等等。

不过好嫉妒是人的天性。自古以来，有不少关于嫉妒的记载与描述。在古希腊、罗马的神话中，男性的和女性的神或英雄多有嫉妒的品性。在男子占统治地位的社会里，人们往往把嫉妒看成女人的特有心理特征，在汉字里，“嫉妒”二字皆用“女”字作偏旁，也是一证。我国明代人谢肇淛，写过一部笔记小说，叫作《五杂俎》，其中汇集了古代包括皇后和民女在内的上百个以嫉妒闻名的女性。公元 5 世纪时，南朝宋明帝刘彧为惩治妒妇，曾命人写过一本《妒妇记》。莎士比亚的《驯悍记》，也着重描绘了女性的嫉妒。

其实，嫉妒并不限于女性，男性也嫉妒。如果说女性的嫉妒主要限于性爱，男性的嫉妒则远远超出性爱，且更深沉更猛烈。《圣经》中也描述了上帝对人类的嫉妒。夏娃和亚当偷吃了伊甸园的智慧果后，上帝将他们赶出了伊甸园。人类建造能通天的巴比伦塔，上帝则变乱他们的语言使之半途而废，都是因为对人类的智慧和创造能力的嫉妒，害怕人类超过他、动摇他的至高无上的权力。很喜爱艺术的古罗马皇帝埃追安（亦译阿提安）就非常妒恨诗人、画家与巧匠，因为这些人在艺术方面超过了他。中国古代惠施当了宰相后也嫉妒在才学上超过他的庄子。

嫉妒犹如醋，是人生的调味品。有一点适宜的嫉妒并不坏。嫉妒而不失去理性，则可以由不安、痛苦和怨恨转化为危机感、紧迫感、好胜心、上进心和忧患意识，催人奋起直追，激人取长补短。性爱方面的嫉妒如果不迷乱理智，予以适当的抑制，往往是男女双方可以容忍且引以为自豪的，有时还可增进和丰富男女之间的情爱。

你那么虚荣，一定很累吧

我们的社会似乎不太谴责虚荣，仿佛人人爱慕，无须谴责，事实上，许多悲剧和社会问题皆起源于此。

日本福富太郎在《智慧赚钱法》一书中提到获得财运的第四十八种方法“勿一味追求时尚”。而前人认为吸引女性的要素有下列五项，一是胆量，二是金钱，三是面貌，四是才干，五是幽默感，可是现在的年轻人却本末倒置，觉得能言善道、仪表堂堂最为重要，因此鼻子较塌的人便赶快去整形动手术，如此爱慕虚荣的人，怎么可能节俭致富呢？这类人在公司虽抱怨薪水太低太少，但却不知如何争取合理的薪水，瞻前顾后，亦没魄力脱离公司，独立经营事业，他们若能受到女性欢迎，也是颇令人怀疑的。

若除了外表，其他一无可取的人，大概也不会有财运了。观察目前社会上，那些口口声声谈装扮、标榜个性风格的年轻人却多半也穿着路边摊上的衣服，每个人都像穿制服似的，并无什么特色可言，就好像打着宣传广告说：“我崇尚流行”，而实际上却没有自我一般，如此的流行，便意味着是盲目，更是浪费。

毫无疑问的，创造流行，使之蔚为风尚，可引来财源，但是追随流行者，花钱必形同流水，因流行如巨轮不断向前转，追随者必须不断跟进才行，我之所以推断追求流行者不能存钱，道理即在此。

披头发型曾经风靡一时，其实，“披头士”所企盼的是摇滚乐能成为旷世之音，而无心插柳柳成荫，其披肩的长发竟也成了注目的焦点，甚至为英国赚进大量的外汇。他们成为乐坛巨匠，是因为对音乐的狂热和吸收不同流俗的胆量，他们的流行是走在时代前沿的，不同于一味地模仿，故能致富。

以八十四岁高龄谢世的西班牙画家达利·萨尔巴托有许多特别的举止，据说留着八字胡的他，常带着心爱的狗四处蹓跶，告别时会与人道“午安”，他有一幅画作《钟像》，即是一种从树上垂下来的软体动物，这些都是其抢眼之处。

达利的装扮的确不同凡响，但如果他和庞克族一样，则无啥意义，因流行重在能表达个性，盲目跟从他人，未免是东施效颦了，我猜测达利是有心装扮成别人都无法模仿的样子，做强烈的自我宣传，他的策略果真奏效，所以其作品在绘画市场能久居高价位，并被评为20世纪中足以和毕加索媲美的伟大画家。

福富太郎还说喜欢时髦、爱慕虚荣的人，不仅知道“现在流行什么”，更热衷于“未来的时尚”，这类人是罕有钱财的。其实，虚荣心重的人，所欲求的东西，莫过于名不副实的荣誉，所畏惧的东西，莫过于突如其来的羞辱。

虚荣心最大的后遗症之一是促使一个人失去免于恐惧、免于匮乏的自由；因为害怕羞辱，所以不定时地活在恐惧中，常感匮乏，所以经常没有安全感，不满足；而虚荣心强的人，与其说是为了脱颖而出，鹤立鸡群，不如说是自以为出类拔萃，所以不惜玩弄欺骗、诡诈的手段，使虚荣心得到最大的满足。

虚荣心是一股强烈的欲望，欲望是不会满足的。虚荣心所引起的后遗症，几乎都是围绕在其周遭的恶行及不当的手段，所以严格说来，每个人的虚荣心应该都是和其愚蠢等高的。

真正的成功，是不会因某些成就而沾沾自喜的；若为所成就的人事物感到骄傲，也应该是心存感恩、健康的骄傲，而非不应得而得的“虚荣”！

虚荣心一旦形成（成熟），它所结合的诸多不良的心态、习惯和行为，会让你只看得到眼前，却离成功愈来愈远。

生活不是你猜我猜的游戏

想想看，人与人之间常有的争执、吵闹、误会乃至过去很多的冤假错案，哪件事情不与猜疑有关呢？

在我们的传统文化里就有很多关于猜疑的教诲，如："疑人偷斧""人心隔肚皮""知人知面不知心""害人之心不可有，防人之心不可无"等。

再让我们看看，如果两个小孩在外面打架，出来了两位母亲，一位是中国人，一位是外国人。中国的母亲很可能指着对方质问："你为什么打我的孩子？"而那位外国母亲则可能说："怎么？你们不友好了？"

可见不同文化熏陶下的两位母亲，会说出两种不同的话。也可见，猜疑对我们每个中国人影响之大，它是我们民族心理的劣根性。如果我们的"理解万岁"是建立在猜疑基础之上的，永远不可能理解，何谈万岁。因为我们每个人从小都接受了猜疑的教育和影响，可以说人人都有猜疑之心。

要摒弃猜疑，必须对猜疑有深恶痛绝的认识。什么是猜疑呢？

猜疑是基于一种对他人不信任的、不符合事实的主观想象，是人际交往过程中的拦路虎。具有猜疑心理的人与别人交往时，往往抓住一些不能反映本质的现象，发挥自己的主观想象进行猜疑而产生对别人的误解，或者在交往之前对某人有某种印象，在交往之中就处处用这种成见效应与对方接触，对方一有举动，就对原有成见加以印证。虽然猜疑心理有种种表现，但我们可以发现其共同的特征，即没有事实根据，单凭自己主观的想象；抓住"毛皮"，忽略本质，片面推测；不怀疑自己的判断，只是相信自己，怀疑他人，挑剔他人。具有猜疑心理的人把自己置于一种苦恼的心态中，对别人采取不信任的态度，严重的甚至对自己的感觉也产生怀疑。

猜疑心理往往导致心理偏执。这种人常常敏感固执、谨小慎微，事事要求十全十美。这样不仅危害自己，也危害他人。

我们必须认识到，无故乱猜疑是中华民族心理上的劣根性，猜疑流淌在我们每个人的血管里，如果我们不采取解毒的手段，它就会像毒品一样把我们整个民族推向“窝里斗”的水深火热之中，哪里还有精力去搞发展呢？猜疑是“窝里斗”的祸根，猜疑是化友为敌的障眼帘，猜疑是造成自杀和他杀的毒品！

猜疑的人往往目光短浅，没有远大的目标，没有真诚善良的心。可采用下面的方法调适自己和与猜疑者相处时的心态。

首先培育爱心，从对小动物的爱到对人的爱，猜疑总是从坏的方面猜，是没有爱心的表现。

其次，培育宽容的心理品质。宽容就是承认差异，降低对别人的要求。能够宽容别人是坦诚与人相处的首要条件，因为宽容是深思熟虑的素养，是内心深处去除荆棘的法宝。

猜疑者的思维方法是自圆其说，因为我丢了东西，看他近日行为异常，所以肯定是他偷的。

所以不管是调适自己，或对待猜疑的朋友，调整思维方法都是极其重要的。

如果你遇到了朋友乃至领导对你的猜疑，如果解释不通，严重者可诉诸法律，一般情况下只有坦然相处，待到水落石出了。

想成为什么样的人，就会是什么样的人

每个人身上都蕴藏着无穷的潜力，我们要学会描绘自己的心理蓝图。

在美国西部，有个天然的大洞穴，它的美丽和壮观出乎人们的想象。但是这个大洞穴没有被人发现，没有人知道它的存在，因此它的美丽也等于没有。有一天，一个牧童偶尔来到洞穴的进

口处，从此新墨西哥州的绿巴洞穴成为世界闻名的胜地。

我们每个人都有140亿个脑细胞，平时只利用了肉体和心智能源的极小部分，若与我们的潜力相比，我们只是半醒状态，还有许多未发现的“绿巴洞穴”。正如美国诗人惠特曼的诗：

我，我要比我想象的更大、更美
在我的，在我的体内
我竟不知道包含这么多美丽
这么多动人之处……

我们告别了20世纪，回思过去人类艰难求索的历程，最值得骄傲的不是“登月”，也不是什么网络，而是人类发现自身蕴藏着无穷的潜力。

人是万物的灵长，是宇宙的精华，我们每个人都具有发扬生命的本能。为“生命本能”效力的就是人体内的创造机能，它能创造人间的奇迹，也能创造一个最好的你。

一个人相信自己是什么，就会是什么。一个人心里怎样想，就会成为怎样的人。我们每个人心里都有一幅“心理蓝图”或一幅自画像，有人称它为“自我心像”。自我心像犹如电脑程序，直接影响它的运作结果。如果你的心想象的是做最好的你，那么你就会在你内心的“荧光屏”上看到一个踌躇满志、不断进取的自我。同时，还会经常收听到“我做得很好，我以后还会做得更好”之类的信息，这样你注定会成为一个最好的你。美国哲学家爱默生说：“人的一生正如他一天中所设想的那样，你怎样想象，怎样期待，就有怎样的人生。”

美国赫赫有名的钢铁大王安德鲁·卡耐基就是一个能充分发挥自己创造机能的楷模。他12岁时从苏格兰移居美国，先在一家纺织厂当工人，当时，他的目标是决心“做全工厂最出色的工人”。因为他经常这样想，也是这样的做，终于成为全工厂最优秀的工人。后来命运又安排他当邮递员，他想的是怎样“做全美最杰出的邮递员”。结果他的这一目标也实现了。他的一生总是根据自己所处的环境和地位塑造最佳的自己，他的座右铭就是“做一个最好的自己”。

做一个最好的自己，不一定非要当什么“家”，也不一定非要出什么“名”，更不要与别人比高低，比大小。就像人的手指，有大有小，有长有短，它们各有各的用场，各有各的美丽，你能说大拇指就比小拇指好？决定最好的你，既不是你物质财富的多少，也不是你身份的贵贱，关键是看你是否拥有实现自己理想的强烈愿望，看你身上的潜力能否充分发挥。人们熟知的一些英雄模范人物，就是在最平凡的岗位上，充分发挥人的创造机能，做好自己身边的每一件事，创造了最好的自己。只要我们坚信自己拥有“无限的能力”，便可以创造和谐的心理、生理韵律，也才能展现出自己的人格魅力。

有人给你难堪怎么办?

人的一生难免遇上难堪的误解，遭到他人不公正的批评甚至辱骂，但要记住：不要让对方一句不公正的批评或难听的辱骂，而变得像对方一样失去理智。

某人曾受到一位同事的辱骂，心中非常愤慨。在回家的路上，装着满肚子的火气，想着如何回报这位辱骂者。无意之间他走进路边的玩具店，看见两个小学生指着一个存钱用的瓷人评头论足。遗憾的是他们对瓷人的夸张造型并不理解，可是瓷人坐在货架上对他们无知的指责却无动于衷。这个人望着这个瓷人，只觉得自己滑稽可笑，受点委屈连一个存钱用的瓷人都不如，还算什么男子汉大丈夫！这么一想，满肚子火气一下子不知跑到哪儿去了。并对这个过去不屑一瞥的瓷人产生了好感，便掏钱买了一个，毕竟瓷人还有存钱的功能。天津人有句老话：“生气不如攒钱。”是的，一个人把宝贵的精力，宝贵的时间放在生闲气上不值得。

对于外界的打击辱骂，也许我们还达不到所谓“爱敌人”的修养程度，但至少也应该爱惜自己，不要让他人左右你的情绪和健康。

英国伟大的戏剧家莎士比亚说：

不要为了敌人而过度燃烧心中之火。

不要烧焦自己的身体。

“生气是拿别人的错误惩罚自己。”（康德语）有关专家认为，长期积怨不但使自己面孔僵硬而多皱，还会引起过度紧张和心脏病。

20世纪三四十年代，一直敏于行、讷于言的巴金先生，也曾受过无聊小报、社会小人的谣言攻击。巴金先生有一句斩钉截铁的话：“我唯一的态度，就是不理！”因为受害者若起而反击，“小人”反倒高兴了，以为他们编造的谣言发生了作用。

精通哲学、文学和历史学的胡适先生在《胡适来往书信选》致杨杏佛的信中写道：“我受了十余年的骂，从来不怨恨骂我的人。有时他们骂的不中肯，我反替他们着急。有时他们骂的太过火，反损骂者自己的人格，我更替他们不安。如果骂我而使骂者有益，便是我间接于他有恩了，我自然很情愿挨骂。”

巴金、胡适面对他人的辱骂所表现出的平静、幽默、宽容，不失为排除心理困扰的妙药良方。

人的一生谁都难免要遇上难堪的误解，遭到他人不公正的批评甚至辱骂。无论是卑鄙的，恶毒的，残酷的，你千万不要让对方一句不公正的批评或难听的辱骂，就变得像对方一样失去理智。获胜的唯一战术，就是保持沉默，不和别人发生正面冲突，就连多余的解释也没有必要。因为在这种情况下，相互争吵辱骂，既不会给任何一方带来快乐，也不会给任何一方带来胜利，只会带来更大的烦恼，更大的怨恨，更大的伤害。退一步讲，在对骂中没有占上风的一方，当众出丑，带来的只是对自己鲁莽行为的悔恨。占了上风的一方，虽然把对方骂得体无完肤，又能怎么样？只能加深对立情绪，加深对方的怨恨，在旁观者的眼里也不过是一只好斗的公鸡罢了。

有人受了委屈，或受到他人的误解，总想当时就解释清楚，通过解释去化解矛盾，洗刷自己的清白。其实这时最好不要去解释，最佳的办法还是保持沉默。因为这时的解释是不起任何作用的。比如，有人说他丢了钱包，你能解释清楚不是你偷的。有人背后议论你是“白痴”是“骗子”，你听了能解释清楚你不是“白痴”，不是“骗子”？诸如此类的解释，越解释越对自己不利。

记住：聒噪不如沉默，息谤得于无言。

第三章

带着这样的心态工作，那可不行

工作着就是美丽的

曾读过一篇名为《工作着是美丽的》的小说，其名字比内容更加深深地打动人。

在社会上有太多的闲人，他们不喜欢工作，他们总觉得工作只应该是别人的事，而他们，则天然地应该坐在工作者的旁边，品着茶，抽着香烟，很宏观地谈论天下大事，然后再偶尔地对着他们近旁那些忙碌的人们评头论足——虽然他们也并没有看清楚那些忙碌的人正在做什么。

工作的人往往会对他们的议论感到恼火，有时甚至会情不自禁地跳出来说："你们光说不做，你们要觉得我做得不好，你来试试看。"每逢此时，说话的人多半会很有风度并显得很宽容地说："言者无罪，闻者足戒嘛。"

是呀，这是中国的一句名言，人家说的不对，你就只当没有听见不行么？善于工作的人往往不善言辞，在此刻多半只会哑口无言，脸色灰暗得犹如自己果真犯了大错。不知就里的人们，见了工作的人这份脸色，在对他产生同情之心时，也认定他果然是犯了错的。

工作的人的确是容易出错的，其原因就在于他的事总有它的具体性。而任何事一旦具体了就很容易找出纰漏之处。比如办刊物，标题起得不好，文章漏校几个字，版式不太美观之类，全都看得见。又如开汽车，天天在街上行驶，不小心被自行车擦掉一块漆以及后车灯叫别人撞扁等，也都在面上搁着。这些一目了然的毛病，自然给爱说的人提供了说长道短的素材。

说话的人却很少有出错的机会。因为他们不做事只说话，而话语总是很虚无的，虚无的东西便抓摸不着。更何况说话的语气还可以调节说话的内容，有时一句话，换一种语气说，便能说得与原意相反，足可以阐释得让听过两种语气的人目瞪口呆。所以，说话的人因为长久以来只说话，已经把说话这种方式操练得具有很高的技巧了。这一来，越发不易让人觉得他也会出错。

在这个世界上，一个完美的不易犯说话错误的人，显然比一个成天工作并于忙碌中有所疏忽、偶有过失的人要受欢迎得多。所以，我们看到喜欢说话的人越来越多，而喜欢做事或者说工作的人越来越少。

勤奋之心丢不得

勤奋能产生奇迹，皮尔·卡丹的奋斗史就说明了这个道理。

皮尔·卡丹从小就对服装感兴趣，即使是在最贫困的时候。

他的父亲——一个贫困的意大利农民带着妻子和孩子背井离乡去法国的圣莱第昂谋生时，他才刚满两岁。他是被母亲用一块蓝被单裹着离开家乡的。

他生活在天天都要为吃饭与穿衣的事而发愁的家庭里，却偏偏对各式各样的服装感兴趣。

童年的时候，他喜欢在街上游逛，时装店里多姿多彩的时装常常使他流连忘返。他的耳边经常传来这样的斥责和嘲讽：

“滚开，穷鬼！你也配来看时装？”

“小意大利佬，买套时装去送给小情人吧。哈哈……”

然而，一个梦想却在他幼小的心中升腾：“以后，我也能做各种各样的时装，做出许许多多好看的时装。”

中学的时候，由于贫困和年迈多病，皮尔·卡丹的父母再也无法维持这个家庭了。皮尔·卡丹不得不退学去做工，他的选择是去裁缝店当小学徒。

他的梦想，他的天分，他的勤奋，使皮尔·卡丹的技艺很快就超过了师傅。他经常别出心裁地设计出一些新颖的款式，很受当地小姐们的青睐，常常有人找上门来请他设计时装。他不仅白天当裁缝，搞设计，晚上还到一个业余剧团当演员，以便于更好地观摩和研究各种新奇高雅、绚丽多彩的舞台服装，这对他未来的设计风格产生了深远的影响。

这时候的皮尔·卡丹，在当地已小有名气。然而，他清楚地知道自己想要的是什么。他并不是想当一名制衣匠，他的梦想是当一个“时装设计大师”。

他下决心要去世界时装艺术的中心巴黎闯荡一番。然而，初闯巴黎的尝试却失败了。

当时正是第二次世界大战刚刚拉开序幕的时候，巴黎乌云密布，所有的时装店都关了门。皮尔·卡丹随着逃难的人流，从巴黎流落到一个小城市里，几经周折，总算找到一家服装店安定下来。几年以后，他又成了这家裁缝店里最出色的裁缝。生计有了着落，但皮尔·卡丹却越来越苦恼，他觉得在这里待得越久，离巴黎就越来越远。他不甘心自己的梦想变得越来越渺茫。

有一天，他遇到一位同样因战争流落至此的贵妇人。贵妇人对他身上高雅奇特的服装很感兴趣，听说这是他自己设计制作的，她更是十分惊讶。卡丹向她诉说了自己的苦恼和梦想，贵妇人不由得感叹地说：“孩子，你一定会成为百万富翁，这是命中注定的。”这预言更激起了他心中压抑已久的激情和愿望。皮尔·卡丹带着贵妇人提供的地址，再次来到了巴黎城。

他按那贵妇人提供的地址找到了巴黎爱丽舍宫对面街上的女式服装店，这是一家专为大剧院设计缝制服装的颇有名气的服装店。凭着他高超的技术和对舞台服装的独到见解，老板毫不犹豫地收下了他。

在那里，皮尔·卡丹潜心于自己的工作，对高级服装的制作有了更成熟的经验。

服装店开始为法国先锋派电影《美女与野兽》设计服装，皮尔·卡丹参与了这次设计制作。他为角色设计的一套刺绣绒服装使角色在影片中大放光彩，也使皮尔·卡丹一举成名，成了巴黎服装界引人注目的新星。

从此以后，皮尔·卡丹开始不断地激励自己去追逐和实现自己的梦想。他曾为当地最负盛名的时装大师夏帕瑞当过助手，也曾为被尊为时装界领袖的迪奥当过助手。终于，在1949年，他以自己多年的积蓄，办起了一家小公司。4年后，他的第一家服装店正式开张了。

皮尔·卡丹不仅要圆自己的梦，而且要使这个梦想日益完美，在他的生命中日益放射出夺目的光彩。他要以不断的创新，不停地标新立异来确立他作为一个最成功的时装设计大师的地位。

他设计的时装千姿百态、色彩鲜明，充满浪漫情调，很合巴黎人的口味，再加上配有音乐伴奏的时装表演，使他的时装更富有魅力。

他不失时机地提出了“时装大众化”的口号，把设计重点放在一般消费者身上，让更多的人买得起、穿得起时装。这个口号成了巴黎时装界的一个历史性的突破。皮尔·卡丹源源不断地推出风格高雅、质地适度、价廉物美的时装，深受中产阶级妇女的欢迎。这使他的时装店天天门庭若市。

大胆的离经叛道的创举，招致了法国保守的时装界同行的攻击，但皮尔·卡丹却我行我素，继续进行他的“时装革命”。他说：“我已被人骂惯了。我的每一次创新被人抨击得体无完肤。但是那些骂我的人，接着就会去做我做过的东西。”

法国时装从来就是女性的一统天下，皮尔·卡丹却推出了色彩明快、线条简洁、雕塑感强的男性服装，又一次在巴黎引起轰动。

他设计的系列童装更是怪诞离奇，极富想象力，从而迅速地占领了欧洲市场。

皮尔·卡丹得意地说：“我曾立下诺言，等我创业以后，我的服装不仅能够穿在温莎公爵身上，而同时连他的门房也有能力购买。”他确实实现了他的梦想。

皮尔·卡丹在经营上也是新招迭出，令人目不暇接。他不遗余力地在全球拓展他的品牌和他的商业帝国的疆域。他的成功之梦似乎永无止境……

这个故事，应该能给我们太多太多的启示。

一个渴望成功的人，当他将自己最初的梦想化作强烈的欲望的时候，当他进而将这种梦想和欲望转化为生命中不可或缺的心理动力，并在心灵深处形成一种无时不在的自我激励机制的时候，它所产生的伟大力量，无论你用什么样的语言去形容都不为过。

希望能消除恐惧

你是不是已经学会了在生活中出现困难与障碍时充满希望呢？这是成功者和失败者的一个分水岭。成功者不会丧失希望，他坚持不懈，他会去寻找其他的可行办法，一直坚持到把事情办成。

充满希望和幽默感是恐惧感的对立面，它们能鼓励你知难而进。下面这个故事非常生动地说明了这一点。

诺曼·考辛斯是加利福尼亚大学洛杉矶分校医学院神经病学与生物行为学系的副教授。多年来，他一直是《星期六评论》的编辑，还写过《人类的抉择》等15本书。

早在前几年，医学专家就告诉他活不了多久了。但他以坚定不移的希望和决心，否定了医生的预言。这些年来，他坚持治疗的自我处方就是：维生素C加上积极的想法、快乐、信心、幽默和希望。

1954年，考辛斯39岁，为了进行人寿保险而去检查身体时，心电图表明他有冠状动脉阻塞的迹象。保险公司拒绝为他保险。医生告诉他只能再活一年半，而且还得放弃工作和体育活动，成天呆坐不动才行。

考辛斯不愿意改变他那种积极活跃的生活方式。他宁愿以锻炼来保持心脏健康，决心为了生存下去另辟新路。

7年后，他还活着。但又得了一种致命的病——强直性脊椎炎。他又开始搞了一个大胆的自我治疗程序：大量服用维生素C

和自我实行“幽默疗法”。他每天看滑稽电影和幽默读物。他后来说：“我高兴地发现，10 分钟真正的捧腹大笑能起到一种麻醉作用，至少能让我有两个小时摆脱疼痛睡上一觉。”

考辛斯认为，消极的力量，如紧张、压力等都会使身体衰弱，而积极的力量，如快乐、爱情、信念、欢笑、希望等都能起到相反的作用。没人能断言我们战胜自身消极情绪的能力不会引起我们身体内部生物化学的积极变化。我们能够安排自己的生活，去求得生存。

1981 年，考辛斯第三次和死神较量。当时他的心脏病发作了。他深知在紧急情况下惊慌是足以致命的，所以他告诉自己：首要的是情绪别激动，要平静，相信自己能坚持下去，一切都会好的。

考辛斯的经验也值得我们学习，当身处逆境时，我们应该更乐观，更平静地面对困难。

宽容是办公室“潜规则”

与同事们相处时，我们要有一颗宽容之心，遇事不能斤斤计较，最好以微笑面对同事。

笑容是最犀利的武器。当你托同事把文件做妥，说声“麻烦你”，加一个笑容，他会被你的友善感染，特别努力；或者同事把做好的计划书交给你，你别忘记谢谢他并微笑一下，这不但是礼貌，亦是感谢的表示。任何人都喜欢得到赞美。说一些别人爱听的话，只要不是谎话，便不算埋没良心。切莫对同事大叫大嚷，这不但不礼貌、不友善，还表示你缺乏信心。

即使你遇上难解的死结，情绪低落极了，更需要微笑，抛开烦恼，跟同事们谈笑，借此把恶劣心情冲淡，使精神集中于工作。还要注意不要自扫门前雪，若同事需要你的帮忙，不应吝啬，尽力而为吧，即使不会立刻获得回报，但你的投资是不会白费的，起码他会认为你是大好人。

如果你做错了事，且影响到别人，快道歉！勇于认错的人并不多，这样做自然给对方留下深刻印象。还有，处处设身处地去感受他人的心态，再给予支持，没有人会不喜欢你的。如果有人招你烦，你也大可不必理会，假设出差时你的同事从中间挤牙膏，这让你无法忍受。你经常在闲谈中提起此事，他还不改变，你就随他去吧。你还有许多其他办法，不值得在此耗费精力。其他的办法是什么呢？一管牙膏，无论从中间挤得多么不像样，我都认为是可以校正的。拧紧帽儿，从底部往上挤，把牙膏从管末挤到管上端。现在拧开帽儿，把挤到顶端的牙膏挤到牙刷上刷牙。你也可以买一个金属装置连到牙膏管的一端，随着牙膏的使用，用它来卷起用完部分，不断减少你的同事从中间挤牙膏的可能。这样就能够消除麻烦。

有时候，在工作上造成了一次严重的冲击，例如跟某同事大吵大闹起来，对你的专业形象和信心会有无形的坏影响，因为这显示了你处理人事问题不成熟。

该怎样去补救呢？以下是一个比较普遍的例子。你与某同事在某事上持不同意见，又互不相让，以致言语上有冲突，而你最失败的一点是，曾列写了过去三个月来，这位同事做过的所有错事。如今，你感到后悔不已，希望扭转坏情况，并愿意向对方道歉，可是，同事似乎仍处于极度失望和苦恼当中，使你歉疚更深。

其实，最佳和最有效的策略是，向他简单地道歉："对不起，我实在有点过分，我保证不会有下一次。"

要是你重提旧事，企图狡辩些什么，只会惹来另一次冲突，同时，显得你缺乏诚意，人家日后再也不会相信你了。记着，你的目标是将关系缓和下来，与同事化敌为友。所以，最好静待对方心情好转或平和些时，正式提出道歉。

所谓冤家路窄，你的死对头，或者曾经结怨者，被调派你部门来，且和你工作关系密切。事实既然摆在眼前，你就得慎重处理。

要你完全忘记怨恨，是有些难度，但有几项原则，是有必要遵守的。

首先，无论因什么结怨，谁是谁非，也不要介人工作的讨论范围里，从此只字不提，以免双方公私不分。要是对方先触及疮疤，请你平心静气，紧盯着他道："我不会记着过去不愉快之事，尤其是在工作时间内，避免影响自己情绪。”

其次，摆出大公无私之态。或许你过去与搭档工作，一切讲默契、讲信赖，但对这位新同事，就必须事事讲清楚，以免有所误解，导致不愉快事件，或心病愈重。例如交代一件任务，必须清楚指出任务的目标、完成日期和报告书的规划等，切莫想当然。

记住：宽容是你与同事关系的黏合剂。

工作中也要学会知足

我们怎样看待金钱、财富、地位呢？一般情况下，人们只跟自己的同事团体来往，这个团体才是他们衡量自身成败的参考指标。例如，年收入在 2 万美元到 3 万美元间的阶层，有他们自己的社交圈子。在这个圈子里，一年赚 2. 96 万的就堪称高所得，2 万元的则是低所得。一年赚 2. 96 万的人如果要采用一年赚 10 万块钱的人的标准，结果一定是失落感笼罩，而非满足感萦绕。如果人人都和洛克菲勒或唐纳·川普比较，我们的社会一定比现在更动荡不安，许多人也会终生不满，生活在痛苦深渊中。

这些不知足者的原因在于心理不平衡。他们通常小时候没有得到足够的爱，又深受贫穷之苦。他们专心一意追求金钱和往上爬，以填补“情绪的缺口”，可是再多的汽车、衣服或现金，也填补不了心灵的无底洞。另一种造成这种心理不平衡的原因是价值观扭曲。有些人从小被谆谆教诲：有钱是老大，没钱靠边站；唯有钱是力量。

在经典之作《什么让山米跑》一文中，山米是一个典型的美国穷人，他对钱永不知足，因为他一向被灌输的人生目标就是赚大钱。在力争上游的过程中，他感到生命空虚，觉得自己的一生就像一部在真实世界里不断上演的通俗剧。

每个社会阶层都有他们本身的期望层次。举例来说，隶属那 70% 满意型金钱风格的人，住在一间价值 8 万美元的房子，就觉得很快乐。而如果是不满足型的金钱风格，他的期望层次就会不断升高：可以负担得起 15 万美元的房子时，眼睛已经看到 20 万；拥有 20 万的房子时，30 万的又已成为“必需品”。任何经济阶层中，期望层次不断上升都是刺伤不满意者的利刃，而固定和符合身份的期望层次，则是满意型金钱风格者保持快乐的理由之所在。

有人为了调查而去拜访了居住在洛杉矶有名的“坏区”瓦兹（1992 年洛杉矶黑人暴动中心之一）的居民代表。他们共 25 位，全是黑人，家境贫穷，社会地位皆低。谈话中，调查人故意引导他们谈社会阶级问题。他问：“似乎你们对自己的经济状况相当满意。你们对附近比弗利山庄里面那些要什么有什么的有钱人，不觉得气愤吗?”

22 个瓦兹居民大多表现得没什么怒火。他们满意自身状况，几乎从来没有去想过那些拥有高社会地位的邻市居民，那是另一个世界，而他们只关心自己所属的世界。说到有没有钱的时候，提到的是邻家的“弟兄们和姊妹们”。统计他们的金钱风格，七成满意，分散在知足常乐型、量力而为型和冷静挣钱型。

虽然贫富不一样，但生活在属于自己的圈子里，贫穷人还是愉快地接受了，因为他们不攀比，才有可能让快乐自然涌动。

有好处先分给别人

安东尼·罗宾谈起华人首富李嘉诚时说：“他有很多的哲学我非常喜欢。有一次，有人问李泽楷，他父亲是否教了他一些怎样成功赚钱的秘诀。李泽楷说赚钱的方法他父亲什么也没有教，只教了他做人处世的道理。李嘉诚这样跟李泽楷说，假如他和别人合作，假如他七分合理，八分也可以，那李家拿六分就可以了。”

也就是说：他让别人多赚两分。所以每个人都知道，和李嘉诚合作会赚到便宜，因此更多的人愿意和他合作。你想想看，虽然他只拿六分，但现在多了一百个人，他现在多拿多少分？假如拿八分的话，100 个人会变成 5 个人，结果是亏是赚可想而知。

在台湾有一个建筑公司的老板，他的资产从一万变成了一百亿台币。他是怎么创业成功的？他在给别人做总经理的时候，对老板说，假如他要成功的话，他希望他老板先成功。他给老板看一则报道，其中提到了李嘉诚的经营哲学，使他深受启发，他在上面写着："七分合理，八分也可以，那我只拿六分。"同一套李嘉诚哲学，用在不同的人身上，之后他也从一个小员工成为市值 25 亿人民币的公司的董事长。

所以，罗宾和任何人合作，一定用这样的思考模式，因此他的合作伙伴越来越多。比如，他在台湾刚开始演讲的时候，"有一个经纪人，他有买房子还贷款的压力，而我没有什么压力，我换算了一下，给他的抽成不够，没有办法付贷款。为了帮他付清贷款，我给他额外的提成。我的另一个合伙人，他也有很多合伙人，他什么都不懂，我还得教，结果我和他对开分。为了帮助他消除他的生活压力，我愿意多牺牲二十个点"。

罗宾认为，天下没有卖不掉的产品，只有不会卖的人。假如今天所有的事情都只是利益因素，或只要产品好就卖得出去的话，那天下就不需要任何行销人员了。在任何产品的行销中，人是最大的差异。

迈克是一家信封公司的老板。有一次，他去拜访一个顾客，那个经理一看他就说："迈克先生，你不要来了。我知道你很有名，我知道你很成功，很有钱，但我们公司绝对不可能和你下信封的订单，因为我们公司的老板和另一家信封公司的老板是 25 年的深交，我们 25 年以前就和他交易。你也不用再来拜访我，因为有 43 家信封公司的老板曾拜访过我三年。所以，我建议你不要浪费时间。"

但迈克先生没有放弃，他有的是办法，独特的方法就是永远先为别人的利益着想。有一次，他发现这家公司采购经理的儿子很喜欢打冰上曲棍球，他又知道他儿子的崇拜偶像是洛杉矶一个退休的全世界最伟大的球星。后来，他发现这个经理的儿子出车祸住在医院，这时，迈克觉得机会来了。他去买了一根曲棍球杆让球星签名送给这个经理的儿子。他来到医院，孩子的父亲还没有到医院，孩子问迈克是谁，他说他是迈克，是给他送礼物的。孩子问为什么给他送礼物？因为他知道他喜欢曲棍球，也崇拜这个球星，这是一根球星亲自签名的曲棍球杆。不可思议，这个小孩兴奋得脚也不疼了，要下床来，这时迈克说他的工作结束了。

结果，孩子的父亲来医院发现他的儿子整个人都变了，本来垂头丧气，面无表情，现在好兴奋。他问儿子怎么回事，孩子说刚才有一个叫迈克的人送给他一根曲棍球杆，还有球星签名。

结果可想而知，这个采购经理和迈克签了400万美金的订单。信封是便宜的东西，他竟下了这么大的订单。

显然，成功有不同的方法，有不同的思维模式。世界上没有卖不掉的产品，只有不会卖的人，关键看你会不会转变一下思想，先想想别人。

压力是工作的动力

琼斯在威斯康星州经营农场，有限的收入，只能勉强维持全家人的生活，他的身体强健，工作认真勤勉，从来不敢妄想拥有巨大的财富。在一次意外事故中，琼斯瘫痪了，躺在床上动弹不得。亲友都认为他这辈子完了，事实却不然。

琼斯的身体瘫痪了，意志却丝毫不受影响，依然可以思考和计划。他决定让自己活得充满希望、乐观、开朗，做一个有用的人，继续养家糊口，而不至于成为家人的负担。

他把自己的构想告诉了家人。“我的双手不能工作了，我要开始用大脑工作，由你们代替我的双手，我们的农场全部改种玉米，用收成的玉米养猪，趁着乳猪肉质鲜嫩的时候灌成香肠出售，一定会很畅销！”

“琼斯乳猪香肠”果然一炮打响，成为家喻户晓的美食。

天无绝人之路。生活抛给我们一个问题，同时也给我们解决问题的能力，这就是压力与动力并存。

人生不总是一帆风顺的，各种各样的挫折都会不期而遇。幸运和厄运，各有令人难忘之处，不管我们得到了什么，都没有必要张狂或沉沦。

当你面对巨大的压力时，你沉沦了吗？你应该保持镇静，理智地做到不卑不亢，要相信自己有能够解决任何问题的能力。

琼斯的身体瘫痪了，可他的意志却丝毫没受影响，并且乐观地面对残酷的现实。他利用自己的大脑，然后借用他人的手，依然干出了自己的一番事业，想出解决这一难题的最佳方案。琼斯事业有成，是因为他在压力面前没有低头，没被挫折吓住，而是另辟蹊径，走向了事业的成功。

的确，每个人都不必总乞求阳光明媚，暖风习习，要知道，随时都会狂风大作，乱石横飞，无论是哪块石头砸着了你，你都应有迎接厄运的气度和胸怀，在打击和挫折面前做个坚强的勇者，跌倒了再重新爬起来，将自己重新整理，以勇者的姿态迎接命运的挑战。

也许沙尘暴迷过你的眼睛，但沙尘过后，张眼举目，不依然是春花烂漫，暖风和煦吗？

“不经历风雨怎么见彩虹。”喋喋不休地诅咒，只能证明自己心胸狭窄和不成熟，与其如此，倒不如对它说声“谢谢”，感谢挫折和压力，是它让我们变得更加坚强。

人生苦短，由此不难让我们联想到，云南大理白族的三道茶，就是一苦二甜三淡，象征了人生的三重境界。苦尽才能甜来，随之才有散淡潇洒的人生，才会不屈服于挫折的压力，开创大业，走向人生的辉煌。

也许你的生存压力不小，烦恼也不少，但切忌陷在自我忧虑中；而要冷静思考，全面评估现状，理清思路，找到策略和行动方案，根据轻重缓急应对。记住你的力量远远比压力大得多！

我国著名的国际口画艺术家杨杰就是这样一路走来的。农村出身的他6岁时有一次玩耍双手触及高压线而不幸失去双臂，他被送至儿童福利院生活十年。十年过后归家，周围一切发生了很大变化，他感觉到封闭、生疏、艰难，很不适应。痛定思痛之后，他除了继续钻研绘画外，又开始了新的拼搏和追求。他向人讨来笔墨，每天用牙磨墨临池，用于练习的报纸是他身高的几倍。终于工夫不负有心人，他在世界多个国家表演口画艺术，他的画在国外展出，并出版了个人画册，获得了多项荣誉称号。自强不息，哪怕有一丝希望也决不放弃，这就是杨杰的人生态度。

人生之旅，乐趣在哪里？远足旅行，为什么要登山？为什么要涉河？因为有险境、有风波，才刺激、才快乐。人生好比旅行，因为有压力才会有消除压力后的独特享受。

没有困难怎么会有机会

戴高乐曾经说过：“困难，特别吸引坚强的人。因为他只有在拥抱困难时，才会真正认识自己。”这句话一点也没错。

你自己努力过吗？对于你所遭遇的困难，你愿意努力去尝试，而且不止一次地尝试吗？只试一次是绝对不够的，需要多次尝试。那样你会发现自己心中蕴藏着巨大的能量。许多人之所以失败只是因为未能竭尽所能去尝试，而这些努力正是成功的必备条件。

克服困难的一个步骤是学会真正思考，认真积极地思考。任何失败、任何问题均能通过积极思想来解决。

有一个男孩在报上看到招聘启事，正好是适合他的工作。第二天早上，当他准时前往招聘地点时，发现应聘队伍已排了20个人。

如果换成另一个意志薄弱、不太聪明的男孩，可能会因此而打退堂鼓。但是这个小伙子却完全不一样。他认为自己应该动动脑筋，运用自身的智慧想办法解决困难。他不往消极面思考，而是认真用脑子去想，看看是否有办法解决。

他拿出一张纸，写了几行字，然后走出行列，并要求后面的男孩为他保留位子。他走到负责招聘的女秘书面前，很有礼貌地说："小姐，请你把这张纸交给老板，这件事很重要。谢谢你！"

这位秘书对他的印象很深刻。因为他看起来神情愉悦，文质彬彬，有一股强有力的吸引力，令人难以忘记。所以，她将这张纸交给了老板。

老板打开纸条，见上面写着这样一句话：

"先生，我是排在第21号的男孩。请不要在见到我之前做出任何决定。"

你想他得到这份工作了吗？你认为呢？像他这样会思考的男孩无论到什么地方一定会有所作为。虽然他年纪很轻，但是他知道如何去想，认真思考。他已经有能力在短时间内抓住问题核心，然后全力解决它，并尽力做好。

实际上，人在一生中会遇到很多诸如此类的问题。当遇到问题时，一旦认真进行思考，便很容易找到解决办法。在遇到困难时，你应把自己当成强者，并把困难当作机遇，在心里把自己当成冠军。

几乎没有人考虑过自己在诞生之前就赢得了许多战役。遗传进化学家菲尔德说：停下来考虑你自己的事吧。在整个世界史中，没有任何别的人会跟你一模一样。在将要到来的全部无限的时间中，也绝不会有像你一样的另一个人。

你是一个很特殊的人。为了生下你，许多斗争发生了，这些斗争又必须以成功告终。想想这样一幅伟大的情景吧：

数以亿计的精细胞参加了巨大的战斗，然而其中只有一个赢得了胜利——就是构成你的那一个！这是为了达到一个目标而进行的一次大规模的赛跑：这个目标就是包含一个微核的宝贵的卵。这个为精虫所争夺的目标比针尖还要小，而每个精虫也是小得要被放大到几千倍才能为肉眼所见。然而，你的生命的最决定性的战斗就是在这么微小的场合里进行并最终获得胜利的。

人最重要的生命已经开始，你生下来就成了一名冠军，这种情况你以后必定还要面临的。为了所有实际的目的，你已从过去巨大的积蓄中继承了你所需要的一切潜在的力量和能力，以便达到你的目的。

你生来便是一名冠军，现在无论有什么障碍和困难处在你的道路上，它们都不及你在成胎时所克服的障碍和困难的十分之一那么大！伊尔文·本·库柏是美国最受尊敬的法官之一，但这个形象与库柏年轻时自卑的形象大相径庭。

库柏在密苏里州圣约瑟夫城一个准贫民窟里长大。他的父亲是一个移民，以裁缝为生，收入微薄。为了家里取暖，库柏常常拿着一个煤桶，到附近的铁路去拾煤块。库柏为必须这样做而感到困窘。他常常从后街溜出溜进，以免被放学的孩子们看见。

但是，那些孩子时常看见他。特别是有一伙孩子常埋伏在库柏从铁路回家的路上，袭击他，以此取乐。他们常把他的煤渣撒遍街上，使他回家时一直流着眼泪。这样，库柏总是生活在或多或少的恐惧和自卑的状态中。

有一件事发生了，这种事在我们打破失败的生活方式时总是会发生的。库柏因为读了一本书，内心受到了鼓舞，从而在生活中采取了积极的行动。这本书是荷拉修·阿尔杰著的《罗伯特的奋斗》。

在这本书里，库柏读到了一个像他那样的少年奋斗的故事。那个少年遭遇了巨大的不幸，但是他以勇气和道德的力量战胜了这些不幸，库柏也希望具有这种勇气和力量。

库柏读了他所能借到的每一本荷拉修的书。当他读书的时候，他就进入了主人公的角色。整个冬天他都坐在寒冷的厨房里阅读勇敢和成功的故事，不知不觉地吸取了积极的心态。

在库柏读了第一本荷拉修的书之后几个月，他又到铁路去拣煤。隔开一段距离，他看见三个人影在一个房子的后面飞奔。他最初的想法是转身就跑，但很快他想起了他所钦佩的书中主人公的勇敢精神，于是他把煤桶握得更紧，一直向前大步走去，犹如他是荷拉修书中的一个英雄。

这是一场恶战。三个男孩一起冲向库柏。库柏丢开铁桶，坚强地挥动双臂，进行抵抗，使得这三个恃强凌弱的孩子大吃一惊。

库柏的右手猛击到一个孩子的鼻子上，左手猛击到这个孩子的胃部。这个孩子便停止打架，转身溜跑了，这也使库柏大吃一惊。同时，另外两个孩子正在对他进行拳打脚踢。库柏设法推走了一个孩子，把另一个打倒，用膝部猛击他，而且发疯似地连击他的胃部和下颚。现在只剩下一个孩子了，他是领袖。他突然袭击库柏的头部。库柏设法站稳脚跟，把他拖到一边。这两个孩子站着，相互凝视了一会儿。

然后，这个领袖一点一点地向后退，也溜跑了。库柏拾起一块煤，投向那个退却者，这是在表示他正义的愤慨。

直到那时库柏才知道他的鼻子在流血，他的周身由于受到拳打脚踢，已变得青一块紫一块了。这是值得的啊！在库柏的一生中，这一天是一个重大的日子。那时他克服了恐惧。

库柏并不比一年前强壮了多少，攻击他的人也并不是不如以前那样强壮。前后不同的地方在于库柏自身的心态。他已经不再恐惧，面对危险。他决定不再听任那些恃强凌弱者的摆布。从现在起，他要改变他的世界了，他后来也的确是这样做的。

库柏给自己定下了一种身份。当他在街上痛打那三个恃强凌弱者的时候，他并不是作为受惊骇的、营养不良的库柏在战斗，而是作为荷拉修书中的人物罗伯特·卡佛代尔那样的大胆而勇敢的英雄在战斗。

把自己视为一个成功的形象，有助于打破自我怀疑和自我失败的习惯，这种习惯是消极的心态经过若干年在一种性格内逐渐形成的。另一个同等重要的、能帮助你改变你世界的成功技巧是，把困难视作机遇。

努力工作可不能说说而已

李嘉诚能取得今天的成就，一方面由于其过人的天赋，以及对自己的信心和期望，另一方面也有赖于他不懈的努力。在他早期的贫困生活中，他一直没有放松对生意的学习和观察。

1944年，李嘉诚到他舅舅所开的中南公司工作，从学徒开始做起，扫地、烧水、倒水、跑堂等杂事他样样都做。他还利用空隙时间，跟师傅学艺，不到半年时间，他就学会了各种型号的钟表的装配及修理。那时，他的一个目标，就是利用业余时间自学中学课程。但是，微薄的收入，以及维持全家生活，保证弟妹读书的负担，使他只能购买一些旧教材。回忆这段历史时，李嘉诚说："先父去世时，我不到15岁，面对严酷的现实，我不得不去工作，忍痛中止学业。那时我太想读书了，可家里那么的穷，我只能买旧书自学。我的小智慧是环境逼出来的，我花一点点钱，就可买来半新的旧教材，学完了又卖给旧书店，再买新的旧教材。就这样，我既学到知识，又省了钱，一举两得。"

1946年，李嘉诚离开了中南公司，到一间小五金厂做推销员。李嘉诚做推销总是独具心思。因为他推销镀锌铁桶不像一般推销员那样只着眼于卖杂货的店铺，而是向用户直销。

酒楼旅馆自然是大户，一次要货就达100只，另外向中下层居民区的老太太推销，卖一只却等于卖了一大批，因为老太太都是义务推销员。结果，五金厂生意兴旺。

但是，李嘉诚并不满足于这点业务，于是他跳到一间小工厂——塑胶裤带制造公司做推销员。他每天都背着一大包样品，走街串巷。李嘉诚回忆说："别人做8个小时，我就做16小时，起初别无他法，只能以勤补拙。"李嘉诚充分利用当茶楼跑堂时的脚步功和察言观色的本领，再加上他富有针对性的说服方法，使他一年后的销售额达到第二名的7倍，使他18岁就被提拔为业务经理，两年后晋升为总经理。

著名商人奥格·曼狄诺认为：一个决心要成功的人，是不能指望他人的。别人能给你的帮助微如尘埃，关键是要靠自己，尤其是要靠持之以恒的努力。

曼狄诺在《世界上最伟大的推销员》一书中塑造的海菲，一开始不明白该如何做，他问道：“您不教我那些原则规律，让我变成伟大的推销员吗？”

“不是，你小的时候，我从来没宠过你，因为我想让你长大，成为一个真正的男人。今天晚上，我很高兴你能提出这样的要求，你的眼睛像点燃的火焰，你的脸上充满渴望，看来我没有看错人。不过你还要加倍努力，证明你想要的不是空中楼阁。”

海菲沉默不语，听着主人继续说道：“首先，你要向我证明，当然更重要的是向你自己证实，你能忍受推销的辛苦。你抽的这个签，远非轻而易举。你常听我说，只要成功，报偿相当可观，我这么说，也是因为成功的人太少了，所以回报才大。许多人半途而废，他们在绝望失意中，并没有意识到已经拥有了达到成功的一切条件。他们面对困难，畏缩不前，殊不知，这些绊脚石正是他们的朋友，他们的助手。困难是成功的前提，推销和其他行业一样，胜利是在多次失败之后才姗姗而来的。每一次的失败和奋斗，都能使你的技艺更精湛，思想更成熟，磨炼你的本领和耐力，增加你的勇气和信心。这样，困难就成了你的伙伴，发人自省，迫人向上。你要记住，只要永不放弃，持之以恒，每次挫折，都是你进步的机会。如果你逃避退缩，那就等于自毁前途。”

“我会记下您的话。”

“那就开始吧！眼下，我不再给你任何忠告。努力去吧，等到有了经验，有了知识，你才算得上是一名推销员。”

“我该怎样开始呢？”

“早上你先到管行李车的西尔维那儿去，他会给你一件红色的袍子，算在你的账上。这袍子是山羊毛织成的，可以防雨。袍子里面绣着一颗小星星，是托勒工厂的标志，他们做出的袍子，品质式样全是一流的。我们的标志绣在小星星的旁边。几乎每个人都认得这两个标志，我们不知道已经卖出多少件这种袍子了。我和犹太人打了多年交道，他们管这种袍子叫‘阿布昂’。”

“你拿到袍子以后，牵上驴子，天一亮就到伯利恒去。到目前为止，我们还没有人去那儿推销过。据说，那里的人太穷了，去那里卖东西是白费工夫。可是多年以前，我曾经亲自卖过几百件袍子给当地的牧羊人。你就留在伯利恒，卖掉袍子再回来。”

海菲点点头，掩饰不住心中的兴奋。“一件袍子要卖多少钱呢?”

“你回来跟我结账的时候，交给我一块银币就行了。赚下的多，你就自己留着吧。这样的话，你就可以自己定价了。伯利恒的市场在南门口，你可以先到那儿看看，那儿大概有一千多户人家，总有一户人家会买吧？你说呢?”

海菲又点了点头，心已启程。

“孩子，在你开始这种新生活之前，你要牢牢记下一句话，多想想它，你遇到困难会迎刃而解。”

“只要决心成功，失败就永远不会把你击垮。”

不管做什么事，只要放弃了就没有成功的机会；不放弃，就会一直拥有成功的希望。

第四章

有这些心态，可没有人喜欢你

你不爱别人，别人哪能爱你

一个爱自己的人，才有可能去爱别人。有一篇新闻报道是悼念一位学校老师的文章：她在千钧一发之际把七位儿童推向安全地带，自己却在车轮下献出了生命。许多人都记得她是多么疼爱儿童，她为他们献出生命，是她一生奉献在幼教工作上的永恒纪念碑。有一位儿童的话最传神地描述了她的爱心“她只会问我们上课上得怎么样了？她永远是这么慈祥，从不发脾气，也从不骂人。”

有一次，某教育专家问几对父母亲：有多少人愿意为自己的孩子牺牲生命？每一个人都举起了手，他接着问：有多少人愿意承诺，每天向自己的孩子和配偶做出“爱的声明”来表达心中的爱——不管是用正面的评语或伴读，或有意义的游戏，或者以轻抚、声音和眼神来跟他们进行接触？结果没有一个人举手。“你在开晚会吗？”一位先生抗议道：“你知道，我还有养家糊口的担子要挑哩！”“至少你是坦白的，”教育专家回答说，“但是你的观点，正是一般窠臼化丈夫或父亲角色的传统观念。许多人只会在嘴上说我们爱自己的孩子和配偶，到了愿意为他们牺牲生命的程度。而那位小学教师在儿童记忆中的形象，才是栩栩如生的：在她舍身之前，她每天都以实际的行动在表达她的爱心。”

在我们的生命历程中，免不了要经历从孩子长大到离开家的过程，这时候做妈妈的会感觉生命中似乎少了什么东西，这就是称为“空巢并发症”的一种失落感。而事实上，当爸爸的可能更惨，因为妈妈们至少每天都在表达她们的爱，而爸爸们永远只顾忙着赚钱养家，因而错失了发展亲子关系的良机。

“我早该料到他们会有长大的一天！”一位父亲哀叹着说：“当我发现

他们对朋友和衣着的兴趣开始超过对我的兴趣时，我就嗅到这种气味了，可是我没有想办法去接近他们，反而退缩到我的工作和电视中。我想我可能是傻了，因为我实在不了解他们，甚至拒绝去和他们沟通，就连培养一种跟孩子们相同的嗜好也不肯，我只一心期望着我太太能够掌握他们，现在他们都走了，而我再也没办法找回他们了。”然后，他耸耸肩，发出了一串意味深长的问话：“我到底在说些什么？找回他们吗？他们从没跟我在一起过，我也从没跟他们在一起过，我们彼此之间如同是陌路人一样。”

男人竟然比女人对“空巢并发症”有更多的感触，这并不新鲜。许多男士在回忆失去的亲子之情时，甚至痛哭流涕。身为父母是需要奉献的，包括每天表达的慈爱以及为孩子树立榜样。

如果我们只期望孩子们以我们的方式来回报自己，很可能会限制他们对爱的表达。同样，当我们要求我们所爱的人应该成为什么样的人，让他们怎样依样画葫芦去学的时候，我们就无形中限制了他们塑造个性的方式，因为这意味着我们不信赖他们对自己性格取向的决定。有的夫妻想要彼此改变对方；有的老板猛盯着部属；有些父母亲则过度保护他们的孩子，这都是因为他们没有学会如何去相信自己并且相信他人。在这种情形下，我们就会去限制或监视我们本应该负责的对象，这并不叫真爱。

真爱是要接纳并且鼓励别人。我们之中有许多人把自己当作最棒的情人，只因为我们爱别人的方式，正是我们自己渴望得到的爱的方式。无条件的爱应该永远以对方的需求为标准，而不是以付出的一方。

有一位妇女向别人诉苦：她终于体会到，她一生中都只依照自己的方式去爱，而忽视了别人的需求，举例来说，当她在家里准备晚宴的时候，她最在意的是她的家看起来亮不亮堂、菜肴精不精美，而不是她的客人。有一晚她几乎因此而差一点临时取消聚餐。所幸在当晚以前，她同意了一位朋友的建议，决定从邻近的餐馆补些东西来将就，而把款待客人摆在优先位置，结果该晚的聚餐取得了很大的成功。从此，她开始觉悟到以前自己只是一味地想要摆门面，而不是真正地去爱别人。

她有一年没有送圣诞礼物给自己最好的朋友，原因是她想不出送什么适当的礼物。其实若不是她想要显得风光，大可以邀朋友吃一顿便餐，或者约她们到快餐店大伙儿聚聚也就可以了。只要有诚意，朋友们多半会被感动的。不幸的是，她一心所想的只是自己的风光和体面，而从未意识到自己：执迷在自我之中，将会让她永远没有办法向别人表达出真正的“我爱你！”

当我们以他人所需要的帮助去帮助他人的时候，我们才真正付出了我们的爱。这里的关键就是，我们必须了解并接纳他人的真正的需求将是多么重要的事。请记住，我们无法选择自己的性格，它是与生俱来的，而每一个人都在坚持不懈地去辨认、了解、接受我们自己，所以，对于我们的朋友、孩子和伴侣所能献上最珍贵的礼物，或许莫过于对他们的自我独特表达，给予真心的接纳称赞。我们也可以用耐心的对待来真正协助他们——当他们正在从事艰辛的个性塑造的工程时。

任何有关接纳的说法，必然会立即牵涉到自我评价。一个人能够对自己做到多大程度的接纳和欣赏，会直接影响他能够对别人做到多大程度的接纳和欣赏。对他人不健康的批判，往往出于一个人自身的匮乏，这一点也许可以从青少年身上得到最佳的体现。青春期的孩子是出了名的对同辈不留口德的，我们之间谁不记得，在那些日子里，我们都曾经口不择言地伤害过别人。

如果我们去问大部分高中学生，他们最重视的是什么？最常被说出的两个答案，就是“相貌”和“身材”。因为没有什么比满脸粉刺和迅速变化身体的青春期，更令人难堪。而他们最关心的，大部分却是他们在当时无法控制的事情。

我们最爱批评的，其实偏偏正是我们最渴望的东西，比如，如果我最渴望得到感情上的慰藉，那么我会去期望能够给予这种慰藉的人，而不是内在自足得不需要多余感情的支援。我们经常会出于自己的匮乏而去批评人。

能够爱别人的人，一定能够先爱自己。能够爱自己，表示我们接纳并珍惜我们真正的自己，而且意味着我们会不断地自我完善。当有人误会了或不信任我们的爱心时，让我们能够继续付出爱心，是我们对自己的爱，因为我们知道自己的动机是纯洁的。尽管爱的付出对象可以选择，然而对方并不见得愿意接受这一份爱。当我们太渴求得到时，尽管我们也会表现得很可爱，但动机却是自私的，因为我们其实希望能掌握对方的行为，尽管表面上看起来我们好像在做无条件地付出，暗地里却有别人必须接受的规范，才能使我们继续去“爱”他们。

一个趾高气扬的人和一个奴颜婢膝的人，其实都具有相同的苦衷——他们是充满不安全感的。他们的行为，有时候会披着爱的外衣，例如照顾别人（趾高气扬），或拍马屁者说希望自己能有对方一样的聪明或者美貌或者财富。趾高气扬和奴颜婢膝都是因为具有不安全感，两者同样都不是真正的谦恭，唯有自尊才能够产生一种谦恭的情操，让我们无条件地付出爱心。

虚怀若谷的态度，来自我们对于自己和他人精确的认识，也就是说，我们具有无须他人来认定的自视。这也代表我们能够接纳他人的回馈，并从中得到对于自己精确的认识和处理人际关系的线索。

能够经常不断地从孩子、同事、部属和朋友的回馈中，找出我们的动机，这是一种自我成长的过程。只有满怀不安全感的人，才会畏惧听到像“我扮演的父母、同事或朋友的角色成不成功”的答案。自信的人，总是感激得到真相和任何更正误解的机会。

我们都珍惜能够接纳我们身上所有缺陷的朋友，因为他们能够毫无保留地信任我们。我们也珍惜教会我们谋生技巧和爱的艺术的父母、老师、朋友和孩子们。我们更怀念那些给我们提供无数机会，让我们能够建立起坚强的性格基础，从儿童时代跃向成年时代的人们。

在以上经历中，我们会感到既不自甘平庸却又心平气和。我们时常在寻找着进一步的生命挑战，来加强爱得深刻的能力。我们拥有一份智慧，但也不安于自己对生命的无知。最令我们感动的，是那些点醒我们要去爱或被爱的善良的人们。

没有好心态，亲情也会淡漠

生活中有许多不尽人意之事，但是我们应该懂得，无论我们遇到什么困难，我们的亲人就站在我们身后，给我们以最有力的支持。青少年气盛，又不懂亲情关照，遇到困难不知如何是好，不知如何跟父母沟通。罗宾以自己的亲身经历讲了一个信封的故事。

13 岁那年，跟着家里人刚从佛罗里达州搬到南加州居住。正处于青春叛逆期的罗宾，对父母的教诲也常当耳边风。反抗、易怒，对于一切都不在乎。就像许多时下的青少年一样，一切看不顺眼的事物，都极力反抗、逃避。正是一般所谓的“自以为是”的年轻人，对于所谓的亲情更是不屑一提。事实上，每当有人提到亲情时，罗宾都会生气地反驳他们。

有一天晚上，罗宾从外头回家，直接冲进房间，用力关上房门，躺在床上望着开花板，回想着这事事不顺心，样样不如意的一天。伸进枕头底下的手，意外地发现一个信封。拿出信封，上面写着：“当你独处时，打开它。”罗宾心想四下无人，没人会知道我是不是读了它，于是就拆开了信封。内容写着：“罗宾，我了解你对目前的生活感到不顺、挫折。我也知道，作父母亲的我们，不是什么事都对的。我更清楚，我对你的爱是全心全意的，你所说所做的任何事都不会改变这点。任何时候想找我谈谈，我永远都欢迎你。如果不想，也没关系。只要记得，不论你身在哪里、做什么事，我都永远爱你，更会以拥有你这个儿子而感到骄傲。我的心永远跟着你，永远地爱着你。爱你的妈妈。”

从此以后，这种“当你独处时，打开它”的信，经常在罗宾的生活中出现。直到他长大成人后，才向别人提到这件事。

后来，罗宾在世界各地演讲，帮助世人提高自己，经常提及这封信。一次在佛罗里达沙拉苏他市的演讲结束后，有一位妇人来找罗宾，提到她与儿子间沟通上所遇到的困难。在一起走向海滩的路上，罗宾跟她谈到了自己妈妈永恒不变的爱及那些“当你独处时，打开它”的信封。几周后，罗宾收到这位妈妈的卡片，提到她刚在儿子枕头下留了一封信。当晚上床时，罗宾将手伸到枕头下。回想起每次在枕头下发现信封时，那种舒畅的感觉。在罗宾那段情绪纷扰的岁月里，这些信总能安抚他的心情，让他确信，不论他做了什么事，母亲的关爱是永远不变的。临睡前，他感谢上天，让他的母亲了解到，正处于青少年叛逆期的他，最需要的是什么。

每当生活中遇到困难时，我们应该知道，其实，我们的枕头下也有一份宁静的信念。这种持久不变、无条件的关爱，会改变生活上的任何困境。

仇恨最能毁掉人的心态

人生就像是一块肥沃的土地，它既种植希望和成功，也会播种仇恨。但你要记住，最好不要在人生中播散这种仇恨的种子。生活的经验告诉我们，不管我们的理由如何，怀恨总是不值得的。潜留在我们内心里的侮辱，永难平复的创伤，都能损坏我们生活中的许多可爱的事物。我们被锁在自己的苦恼之渊里，甚至无法为别人的幸运而愉快。怨恨就像毒害我们的血液、细胞的毒素一样，影响、侵蚀我们的生命。

有位朋友曾接到一封爱发牢骚的亲戚写来的信，他说：“我永远记得，我新婚的嫂嫂和哥哥在我生日那天一同外出旅行，而没有对我说一句祝贺生日的话。”这句话的言语之中就埋着仇恨的种子，而它通常也是毒害你身体的毒药。

头痛、消化不良、失眠和严重的疲倦等，是怀恨的人常有的生理症状。某医学院曾做过一次调查，报告中说：与心情较为愉快的人相比，心存怨恨的人更经常进医院。医务人员所做的试验显示，患心脏病的人常常不是工作辛劳的人，而是抱怨工作辛劳的人；最足以引起高血压的原因，莫过于外表好像很安静，内心里却被强烈的怨恨所煎熬。

怨恨甚至会造成意外事件。交通问题专家说：“发怒的时候永远不要开车。”心里总是惦记着丈夫如何不懂体贴的妇女，比起那些心里毫无杂思的妇女，更容易在家里发生意外事件。

另一方面，爱与同情则有激发活力的作用。正如一位健康学博士所说：“宽宏大量乃是一服良药。”

与怨恨情绪作战的第一步，便是先要确定怨恨情绪的来源。如果我们能坦白地检讨，十次之中有九次，我们会发现其来源是很接近于自己这方面的。忽略自己的缺陷与弱点，乃是人之常情；在任何可能的时候，我们总会把自己的短处变成别人的错处，而后加以无以名状的怨恨。例如，在每一个离婚案件中，几乎很明显的，所谓无辜的一方往往并不如其所描述的那般无辜。

“这是很奇怪的现象”，心理学家说，“我们自己的过错好像比别人的过错要轻微得多。我想，这是由于我们完全了解犯下错误的一切有关情形，于是对自己多少会心存原谅，而对别人的错误则不可能如此。”

怨恨的根由发现了之后，务须尽全力去对付，第二桩要做且是最有效的事便是——忘记它。有理智的人并不仅以把宿怨掏干为满足，他们还经常用新的梦想和热诚，填进他们生活中的洼地。据心理学家说，我们不能同时拥有两种强烈的情感，既要爱又要恨，那是不可能的。怨恨大部分是以自我为中心的，所以要想忘记自己，最好的方法便是帮助别人。

在帮助别人之后，我们会发现在这个世界上，善意总是多于恶意的。

一所大学的研究结果，显示一种真正以友谊待人的态度，65%至90%的高比率，是可以引起对方友谊的反应的。因此，人们常说："爱产生爱，恨产生恨，这句老话是不会错的。"

友情是平衡心态的催化剂

友谊是一种相互关心，同甘共苦，彼此相爱的深厚情谊。和别人不能说的话，和朋友却可以说；当自己苦闷失落时，能一起排忧解难的，是朋友；有了喜悦，首先想到要与其分享的，还是朋友。没有友谊，没有关心，没有爱的人生是最孤独的，不健全的人生。但是，在现在社会中，人际关系越来越建立在各自利益的基础上，"相交喻于利"。而互相勉励，互相帮助，互相分享成功的喜悦与互相分担失利的苦痛的兄弟般的情谊已日渐稀少。这样尴尬的局面使现代人终于受到了孤独的包围，这种消极的情绪嘲笑着人生。

有一个大商场的经理，50岁出头，说自己没有任何朋友，因为他接触的人皆忙于工作。

他又不愿与下属交往，认为这样会影响不好："我认为要把自己的事情做得十全十美，就得与他人保持一种不带任何感情色彩的关系。"他补充说。在现实生活中，有些人没有一个伙伴或知己是不足为奇的，许多人都吐露出他们没有一个可以完全信任和展示心事的亲密的朋友，问题在于他们都觉得这很正常。一个号称"铁娘子"的女经理谈到友谊时曾说："我真希望为自己找一个知心朋友，我有不少生意场上的朋友，但无一是可称得上知己的，我感到十分孤单。偶尔心血来潮，毫无缘由地打电话，结果仅仅是问个好，谈天说地的事从来没有过——根本就没有这样一个对象。”没有朋友，没有友谊，结果陷在孤单的漩涡中，不幸的也是自己。

显然，人们在交往过程中自始至终受着约束，但他们不愿意让别人知道自己的弱点——挫折、焦灼、失望等，怕被人视为懦夫，表现得像只会一味怨天尤人的失败者，使他人对自己失去兴趣和尊重。同时，他们也不愿意与人分享成功的喜悦，怕这样一来会惹起别人的竞争、嫉妒，或怕被别人理解为狂妄而受到指责。大多数的成年人都承认过份亲近配偶之外的另一个人会引起对方的警惕和怀疑。只要一个人向另一个人表露出热情，后者必然有所防范，头脑里马上冒出一个可怕的念头：“这家伙到底想从我这儿得到什么?”所以成年人大多数都渐渐把寻找伙伴看作是不成熟的表现，或干脆当孩子气处理。然而，偶尔碰到孩提时代一老伙伴时，他们潜在的寻找热望，便会在彼此热烈的反应中暴露无遗。而这种友情的返真，说明人们内心深处还是渴望友谊的。

在我们的社会中，人们只有在为共同目标奋斗时，他们之间的关系才能和谐、亲密，这是一个可悲的讽刺。十来岁的孩子走到一起，就能组成一个球队，同心协力去击败另一个球队；成年人却只有在战火纷飞的年代才会团结一致，面对共同的敌人。大多数情况下，人们彼此之间总是处于战备状态，他们的谈话很少涉及各自心中的秘密。内心世界的封闭使人们无法通过情感交流建立真正的友谊，而友谊的缺乏使现代人陷入一种强烈的孤独感中。因此，有些心理学家呼吁，哪怕是成年人，也应多交朋友，敞开友谊之门，寻找健全人生，摆脱现代悲哀。

人不应总是沉迷于过去，而是应着眼于未来。因为大悲大喜常在互变之中，绝望与希望此消彼长，贪婪与失去总是接踵而至，自卑与狂妄只有一步之遥，娇惯与丑恶常结伴而行。太阳的光是不会永远照耀在我们身上的，黄昏会带着它那凉爽的宁静如期而至。所以，面对悲喜，我们的心态应该是平静而愉悦的。

感恩的心，感谢每一个人

生命的整体是相互依存的，每一样东西都依赖其他的东西。人自从有了自己的生命，便沉浸在恩惠的海洋里。

传说，有个寺院的住持，给寺院里立下了一个特别的规矩：每年年底，寺里的和尚都要面对住持说两个字。第一年年底，住持问新和尚心里最想说什么，新和尚说："床硬。"第二年年底，住持又问新和尚心里最想说什么，新和尚说："食劣。"第三年年底，新和尚没等住持提问，就说："告辞。"住持望着新和尚的背影自言自语地说："心中有魔，难成正果，可惜！可惜！"

住持说的"魔"，就是新和尚心里无尽的抱怨。这个新和尚只考虑自己要什么，却从来没有想过别人给过他什么。像新和尚这样的人在现实生活中有很多，他们这也看不惯，那也不如意，怨气冲天，牢骚满腹，总觉得别人欠他的，社会欠他的，从来感觉不到别人和社会对他的生活所做的一切一切。这种人心里只会产生抱怨，不会产生感恩。哲人说，世界上最大的悲剧和不幸就是一个人大言不惭地说，"没人给过我任何东西。"

两个行走在沙漠里的旅人，已行走多日，在他们口渴难忍的时候，碰见一个赶骆驼的老人，老人给了他们每人半瓷碗水。两个人面对同样的半碗水，一个抱怨水太少，不足以消解他身体的饥渴，抱怨之下竟将半碗水泼掉了；另一个也知道这半碗水不能完全解除身体的饥渴，但他却拥有一种发自心底的感恩，并且怀着这份感恩的心情，喝下了这半碗水。结果，前者因为拒绝这半碗水死在沙漠之中，后者因为喝了这半碗水，终于走出了沙漠。

这个故事告诉人们，对生活怀有一颗感恩之心的人，即使遇上再大的灾难，也能熬过去。感恩者遇上祸，祸也能变成福，而那些常常抱怨生活的人，即使遇上了福，福也会变成祸。

还有一个真实的故事，故事的主人公是贫困山区的一个女孩。她有幸考上重点大学，不幸的是父亲在她入校不久，遇上了车祸身亡，家中无力供她上学，在她准备退学回家时，社会送来了关怀，老师和同学也慷慨捐款捐物。她将大家的赠物，藏在箱子里，舍不得使用。每天打开箱子看看这些赠物，就想到自己周围有那么多的关怀、爱心，心中就不由产生出一种感激之情。这种感激之情又驱使她去战胜困难，顽强拼搏。这个在物质上贫困的女孩，却变成一个精神的富有者。她心怀感恩，终于读完了大学，还以优异的成绩留学美国。她说："大家给我的一切，是我的精神财富，永远留在我的心里。我要努力学好本领，回报祖国，回报父老乡亲。"人有了不忘感恩之情，就像这位女孩，生命会时时得到滋润，并时时闪烁纯净的光芒。

我们每个人都应该明白，生命的整体是相互依存的，世界上每一样东西都依赖其他每一样东西。无论是父母的养育，师长的教诲，配偶的关爱，他人的服务，大自然的慷慨赐予……人从有了自己的生命起，便沉浸在恩惠的海洋里。一个人真正明白了这个道理，就会感恩大自然的福佑，感恩父母的养育，感恩社会的安定，感恩食之香甜，感恩衣之温暖，感恩花草鱼虫，感恩苦难逆境，就连自己的敌人，也不忘感恩。因为真正促使自己成功，使自己变得机智勇敢、豁达大度的，不是优裕和顺境，而是那些常常可以置自己于死地的打击、挫折和对立面。

挪威著名的剧作家亨利·易卜生把自己对立面瑞典剧作家斯特林堡的画像放在桌子上，一边写作，一边看着画像，以此激励自己。易卜生说："他是我的死对头，但我不去伤害他，把他放在桌子上，让他看着我写作。"据说，易卜生在对立面目光的关注下，完成了《培尔·金特》《社会支柱》《玩偶之家》等世界戏剧文化中的经典之作。

人有了感恩之心，人与人之间才会变得和谐、亲切，而这种感恩之心也会使我们变得愉快和健康。

人活着就要相互帮助

在复杂的社会群体中，人们之间总是存在着戒心和猜忌，解决这种戒心和猜忌心理的办法只有一个，那就是强化人们之间的互助心态。

一、满足心理宣泄的需要

宣泄是指让当事人把压抑的情绪情感和观念释放出来，以缓解心中的烦恼。很多时候，青年人遇到人际关系问题后，因为怕被人看不起而产生自卑，从而把遇到的事情压在心里，造成烦恼，影响了学习和生活。事实上，他的人际关系问题并没有他自己想象的那么严重。他需要一个机会，一个能宣泄自己内心压抑的机会，一个不会因为暴露自己的担忧、紧张、害怕、愤怒甚至敌意等情绪而受到嘲笑和攻击的机会，一个被人倾听的机会，一个可以在别人的反应中客观地判断自己内心感受和评价自己问题的机会。通过相互交流所创造出的坦诚、关怀和安全的气氛使他可以倾吐内心的苦闷和困惑，使他获得一种如释重负的轻松感。

二、满足分担的需要

当事人在人际交往中的问题比较严重以后，会出现青春期的孤独和无助感，学习、生活、对自己的评价等也都因之受到影响，这是一个极需要与人分担压力、苦恼、孤独和苦闷的时刻。然而，为了维护自尊，加上对他人的戒备和猜疑，他们只能独自忍受自己的不适甚至不幸，而这样又会加重他们的孤独与无助感。

相互交流可以有效地满足大家内在的分担需要。在小组活动中，彼此对自己问题的坦率倾诉，对对方问题的真诚关注，彼此间的安慰以及在指导者引导下对问题所做的重新解释等，都不仅使各自的问题显得不像原来那么严重，而且也有效地降低了大家的孤独感。

三、满足分享的需要

人不仅有与人分担烦恼和问题的需要，更有与人分享观点、关怀和支持的需要。通过相互交流，可以帮助个体意识到自己并不孤单，产生解决自身问题的信心和勇气，同时分享大家的观点和建议。这有助于当事人开阔视野和胸襟，从更多的角度看待自己的问题，并考虑更多的解决问题的方法，进而调整自己的心态。

四、满足安全的需要

在人际关系方面发生问题的人，往往容易使自己陷入恶性循环；人际关系出现问题导致不安全感，不安全感造成更大的人际交往问题，更大的人际交往问题导致更强烈的不安全感……

相互交流可以帮助这些人走出怪圈。在集体的关注和理解中所做的宣泄、分担、分享和支持，不仅可以有效地消除大家的不安全感，降低大家的防御心理，而且可以使大家学会向他人敞开自己，学会在与他人的交往中满足自己安全的需要。

五、满足认知的需要

这里的认知需要，指认识自己和他人以及了解与他人相处的知识等需要。

人都有自我认识和认识他人的需要。这种需要，在青春期面临同一性危机时显得更强烈，而对人际关系方面出现问题的人来说就更为迫切。认识自己和认识他人只有在与他人接触、交往中才能实现，但是为了掩饰自己的问题，有些人又总是尽可能地远离人群。他们也悄悄地观察着别人，看到别人都那么快乐和幸福，唯有自己整天那么忧愁、紧张、害怕，越看别人就越不自信，越看别人越不明白自己。

相互交流可以向这些人提供客观了解他人和自己的对比参照。小组成员之间是一面镜子，他们在活动中看到了真实的、不加掩饰的同龄人，才知道别人也有与自己一样的苦恼，才知道自己的苦恼有时也算不了什么。他们不仅可以更清楚地了解和认识自己，而且可以发现新的自我认同的模式。

六、满足被助和助人的需要

如果说满足被助需要是人们对相互交流所预期的结果，那么满足助人的需要则是团体训练中的一个令人惊喜的意外收获。被助的需要得到满足使人感到温暖，助人的需要得到满足则使人产生自信。当一个寻求帮助的人突然发现他不仅可以得到他所需要的帮助，而且有力量、有智慧、有感情去帮助他人、支持他人和安慰他人时，他会发现自己并不像原来以为的那样脆弱无能，而是也具有帮助别人的力量和智慧。这个发现不仅使他产生自信，也使他体会到助人的快乐。

总之，相互交流给人们一个重新认识自己和发现自己的机会，同时，也给人们一个客观认识和评价同龄人的机会。人们的互助和互谅活动会使人们发现新的自我：自己能够关心爱护别人，也能够被关心和被爱护；能够了解，也能够被了解；能够帮助和支持人，也能够被帮助和被支持……这些发现鼓舞着人们，使人们不再只是被动地应付着人际间的交往，而是主动地去结识他人。更重要的是人们降低了对自己的关注，加强了对别人的关注，而这正是搞好人际关系的重要因素。

总想着伤害别人，那怎么能行？

所谓伤害心态是指由于自己言行不当，损害了自我形象并伤害了他人，给自己带来了无可挽回的损失。

一、伤害自我的遗憾：失去机遇和发展

伤害自我形象的言行很多：

（1）不拘小节的遗憾是令人讨厌。有些人不修边幅，不拘小节，如随地吐痰，说脏话，饭桌前打喷嚏、咳嗽等，这不仅是不礼貌，也是没修养。

（2）言语木讷的遗憾是显得不机灵。给人一种连话也说不清楚的无能的感觉。

（3）借钱不还的遗憾是再借就难。

（4）说假话的遗憾是令人不可信任，带来诚信危机。

（5）锋芒毕露的遗憾是令人提防。因为总想出风头，以显示自己比别人“能”，给人一种威胁感，所以令人提防。

（6）夸夸其谈的遗憾是浅薄。一瓶子水不满，半瓶子水晃荡。

（7）拿别人的钱物（或称“小偷小摸”）的遗憾是降低自我人格。当人们和他接近时，会倍加小心。

（8）盛气凌人的遗憾是令人憎恨。

（9）阿谀奉承的遗憾是令人轻视和瞧不起。

（10）疏远别人的遗憾是无人亲近。

（11）冷漠别人的遗憾是别人也不对你热情。

（12）对人虚伪的遗憾是别人也不赐你忠诚。

（13）斤斤计较的遗憾是得不到别人的宽容。

（14）爱占小便宜的遗憾是会因小失大。这种人站不高，看不远，发

展受限制。

也许您还有更多的遗憾，如果认真反思，将会有助于您优化自我形象，从而获得更多的机遇和发展。

二、伤害他人的遗憾："报应"少不了

伤害他人的同时，也就伤害了自己，其报应也就难以避免了。

（1）不尊重他人的遗憾是也得不到他人的尊重。

（2）损人利己的遗憾是人品不佳。

（3）以权压人的遗憾是压而不服。

（4）背后评头论足的遗憾是多嘴多舌。

（5）向上级打小报告的遗憾是将得到"小人"之称。

（6）承诺的事情不兑现的遗憾是不可信，因为会给人上当受骗的感觉。在现实生活中，有些人总是答应干这干那，可是迟迟拿不出东西来，不仅给工作带来损失，而且会失去与人合作和交往的机会。

（7）当众侮辱别人的遗憾是显得没有教养。能骂出什么样的话，他也就是什么样的人。

（8）"哪壶不开提哪壶"的遗憾是令人反感。

（9）串门时"屁股沉"的遗憾是不受欢迎。

（10）顶撞领导的遗憾是上下级不和。即使"顶撞"得对，开明的领导可能认为你说得有道理而予以采纳，不开明的领导可能会觉得你太能了，以致威胁到他的位置。所谓顶撞，自然不是"征求意见"，而是有点对抗的意思，聪明的领导会自找台阶下，不聪明的领导可能会和下级争吵起来乃至给下级报复等。

人际交往是一门复杂、多变的学问，也是一门永无止境的学问，很多人为之困惑，那是因为他尝到了交际的遗憾，但愿本节能为您减少困惑和遗憾。

忧虑憋得太久人会生病

下面一个故事，会对人们有所启示。

黄昏时刻，有一个人在森林中迷了路。天色渐渐暗了，眼看黑幕即将笼罩，黑暗的恐惧和危险，一步步移近。这个人心里明白：只要一步走错，就有掉入深坑或陷入泥沼的可能。或许潜伏在树丛后面饥饿的野兽，正虎视眈眈注意着他的动静，一场狂风暴雨式的恐怖正威胁着他，侵袭着他。万籁无声，对他来说是一片死前的寂静和孤单。

这时，凄黯的夜空中，几颗微弱的星光，一闪，一烁，似乎带来了一线光明，转瞬又消失在黑暗里，留给人迷茫。但是对汪洋中的溺水者来说，一根空心的稻草都是珍贵的，都会被认为是救命的宝筏，虽然一根稻草是那么的无济于事。

突然间，眼前出现了一位流浪汉，他不禁欢喜雀跃，上前叫住流浪汉，探询出去的路途。这位陌生的流浪汉很友善地答应帮助他。走呀！走！他发现这位陌生人和他一样地走入了迷途。于是他失望地离开了这位迷途的陌生伙伴，再一次回到自己的路线上来。不久，他又碰上了第二个陌生的人，那人肯定地说他拥有逃出森林精确的地图，他再跟随这个新的导引，终于发现这是一个自欺欺人的人，他的地图只不过是他自我欺骗的结果而已。于是他陷入深深的绝望之中，他曾经竭力问他们有关走出森林的知识，但他们的眼神后面隐藏着忧虑和不安，他知道：他们和他一样地迷茫。他漫无目的地走着，一路的惊慌和失误，使他由彷徨、失落而恐惧。无意间，当他把手插入口袋时，找到了一张正确的地图。

他若有所悟地笑了：原来它始终就在这里，只要往自己本身去寻找就行了。从前他太忙，忙着询问别人，反而忽略了最重要的事——回到自己身上找。

这个故事告诉人们，情绪性的恐惧是多余的。如同这位迷路者，你天生具有一份内在的地图，指引你离开忧虑和沮丧的黑森林。假如有人告诉你别的，那他一定没有找到他自己。

解除恐惧的办法是始终存在的，但是我们一定得靠自己的能力去解除自己的恐惧，不能随便听信他人的话，不要因为他人自称知道解决的办法，就放弃自我明智的追寻，甚至委屈了自己。只要我们不断地努力追寻，甚至于“绝望”本身也能够帮助我们。如保罗·泰利斯博士指出：

“在每个令人怀疑的深坑里，虽然感到绝望，我们对真理追求的热情，依旧不停地存在。不要放弃自己，而去依赖别人，纵使别人能解除你对真理的焦虑。不要受诱惑而导入一个不属于你自己的真理。”

所以，尽管生活中难免会遇到不如意的事，但只要你善于把握自己并明白以下几点，是可以战胜困难的。

不要把忧虑和恐惧隐藏在心中。许多人在忧虑与不安时，总是深藏在心间，不肯坦白说出来。其实，这种办法是很愚蠢的。内心有忧虑烦恼，应该尽量坦白讲出来，这不但可以为自己从心理上找出一条出路，而且有助于恢复头脑的理智，把不必要的忧虑除去，同时找出消除忧虑、抵抗恐惧的方法。

不要怕困难。人遇到困难，往往是成功的先兆，只有不怕困难的人，才可以战胜忧虑和恐惧。

喜怒哀乐是人之常情，关键是如何有效地调整和控制自己的情绪，做生活的主人，做情绪的主人。当心情不好时，不妨转移一下注意力，把精力和兴趣投入到另一项活动中去。度过了心情的低谷，迎来的必将是更充实、更快乐的人生。

与人交往，太自私怎么行?

私心是专为自我的私名和私利盘算的念头。私心是由于过分看重自我的私名和私利而产生的。私心是万恶之因，也是万错之源。它使自我只求满足一己之私利，片面追求自我的名誉和地位，而置他人的利益甚至生命于不顾；它使团体为迎合小团体成员的狭隘名利之心，而置社会整体利益于脑后。私心，有赤裸裸的私心与伪装成“公心”的私心两种基本表现形式。赤裸裸的私心是恶劣的，但易为人们所识别和制止，因而对社会的危害性并不十分严重。伪装成“公心”的私心是狡诈的，具有很大的迷惑性、欺骗性和危害性。私心与公心本来是相互排斥的，但在现实生活中，两者却可能奇妙地融为一体，私心往往假公心之名而到处招摇撞骗。假公济私者，总是编造种种理由，力图使一切卑鄙的伎俩、丑恶的行径、肮脏的交易、罪恶的勾当都披上“合理”“合法”的外衣。隐伏在公心之中的私心，其骗人之深、流行之易、危害之烈，是赤裸裸的私心所望尘莫及的。而对这种私心的抵制与批判，反而常常招来“执私”之嫌，遭受暗箭之害，这是令人十分惊异而又非常可悲的事情。因此之故，狭隘的小团体主义、地方主义、本位主义、山头主义、种族主义在一定时空内能蛊惑一部分人，一些反动的政客能在一定场合牢牢地抓住一部分听众，一些害人的骗子在一定的人群中能连连得手，狂人被当作救星，愚人被奉若神明，草包被捧为天才，骗子被迎为上宾，而对这类人奋起揭露和批判的人们却可能反而会受到指斥、批判的礼遇。这种情形最易使那种愚钝的人心陷迷惘之中，也最难使那类“虔诚的”人们超脱于错误之外。我们在为人处世时，就一定要消灭来自内心深处的私心与私情，因为私心与私情带给我们的错误，是嫉恨、怀疑等。

私心亦是一种执我情感。执我情感是一种过于执自我之私名私利的消极情感。执我，可分为执小我和执大我。执小我，是执单个的自我或小家庭的私名私利，执一己之私见、私念、私愤。执大我，是执扩大了的自我——社会团体、宗族、民族、阶级、政党、国家——的私名私利。执小我者，会不惜点燃别人、集体和国家的房屋以便煮自己的一个鸡蛋。执小我者易成为过街老鼠，但执大我者则易得到一部分人甚至相当多的人的拥护、同情与原谅。

执小我固然可鄙，执大我比执小我虽然没那么可恶，但执大我更具蒙蔽性，危害更甚。我们不难发现，许多人往往在执大我时用为大我谋幸福的幌子执小我、谋私利。即便是名副其实的执大我，因为它易为该团体、民族、阶级、政党、国家所拥护，能集合更多的执我者，以局部的、近期的利益损害全局的、长远的利益，故对整个社会的危害、威胁性更大。执我者，最终的结局必然是被困进“自我之棺”，害人害己，贻误子孙。在一个社会系统中，公众的事业是恒星，自我则是行星，其“公转”与“私转”（自转）必须依照社会发展规律有规则地运动，才能维持社会的合理秩序，才能保证社会的和谐发展。这或许可以叫作“社会万有引力定律”。自我如果在“私转”方面过于迅猛暴烈，而“公转”却十分缓慢艰难，急于谋私而缓于事公，勤于为己而懒于助人，那就免不了要变为“流星”而自焚了。一个由私心十足的个人充斥的团体，一个由私心严重的团体布满的社会，必然走向钩心斗角、相互残杀、紊乱、腐败、失控，直至堕入错误、灾难之深渊。

私情是个体之间、团体之间、个体与团体之间的私下交情。人总是处于一定的人际关系之中，凡有人际关系存在、有人际交往的地方，都难免有这样那样的私情。私情是遍布于人类社会之中的复杂情感。苍天无情人有情。私情具有两重性，它既是维系友谊的纽带，又是阻碍理性行使其正当权利的沉重包袱，是一种不易消除的致错因素。私情可能压倒理性，代替原则，从而出现众多的不正常现象：人情大于原则，公章不如私条，只有熟人才好办事，恶“关系学”盛行，有章可循的事也要靠人情才能办到，合法的事也要通过非法的途径才行得通，徇情枉法，公事私了。个人之间的礼尚往来本是人之常情，但是，演变成人情风，则于家庭、社会皆是十分有害的。

平平淡淡的情感也是真

爱的内涵很丰富，然而伟大的爱毕竟有限，多的则是平平淡淡之爱，而平淡的爱不等同爱得平平淡淡。只要爱得执着，爱得一丝不苟，就很伟大，就是具备慷慨的人性。爱与被爱，同样是一种幸福。

2000年的一天，梅的父亲旅美归来，在带来的五颜六色的礼物中，有一枚沉甸甸的黄金戒指。戒指是送给梅的母亲的，很大，很重只是样子很老式，戴在手上，像套了一枚大铜环，看着母亲珍爱地套在手上反复抚摸，梅和妹妹笑得前仰后合，笑父亲："什么年代了，送这么老土的戒指。"

父亲笑而不答，母亲却潸然泪下，喃喃地只是反复地说："一样呢，真是一模一样呢。"

她们弄不明白母亲在说什么，父亲便告诉了她们一个关于戒指的故事。

她们的父母结婚的时候，家中生活并不宽裕，祖母送给他们的唯一的结婚礼物就是一枚金戒指，戒指式样很古老，却也是父母当时唯一值钱的一件结婚纪念品。

1967年，"文化大革命"的风暴席卷了她们家，这一天，父亲被叫进学习班，一位好心的邻居悄悄通知母亲："马上就要来抄家了，快把值钱的东西扔掉，抄出来就要被打成反革命。"那时候，家中没什么值钱的东西，母亲惊恐地用一块手帕包着那枚戒指，在大门口来来回回地走，怕得不知怎么办才好，这时，正巧一辆垃圾车从门前过，母亲便顺手将戒指放在了垃圾上。

随后，抄家的人来了，挖地三尺也没找到什么，只好败兴而去。

“我们幸免了一场灾难。”父亲说，“只是你母亲为此哭了一次又一次，说她丢了我们的结婚信物。你祖母几次问起这枚戒指，我们也不敢直说，只说还收在柜子里。”

后来，虽然父亲一直说要为母亲再买一枚结婚戒指，因为没有闲钱，便一直拖了下来。这一拖，便拖了20年。

父亲说：“在美国这么多年，时时想着的就是这枚戒指，而美国大大小小的商店里，竟再也找不出这样一枚式样古老的戒指，最后，只好凭自己的记忆画了个纸样，请商店依样打造，结果，花的手工费比这戒指的金子还贵。”

这一刻，梅心中的感动竟不能自已，想父母在这失落了戒指的20年中，不是已经找到了那一份比戒指更为珍贵的情感吗？

父亲归来那一年的秋天，她们全家凑了假回故乡看望年迈的祖母。祖父早已去世，祖母也差不多快90岁了，两眼昏花，耳朵也不灵了，那一天，母亲坐在祖母身旁，将戴着戒指的手伸过去，说：“妈，您看，这不是您送我的结婚戒指吗。”

老眼昏花的祖母拉了母亲的手摸了又摸，竟没有看出这戒指已不是当年的戒指。祖母流着泪，对父亲说：“这戒指，是1927年我结婚时，你父亲送我的结婚戒指，你们要好好保存啊。”说完，祖母放开母亲，从床头柜拿起镶着她与祖父合影的照片，擦了又擦。

这一刻泪水悄悄涌满了梅的双眼。整整60年，60年人生坎坷，60年风云变幻，虽说戒指已不是原来的戒指，只是，这一份情感，地老天荒，竟不曾改变。

故乡归来，母亲便收起了戒指，问她为什么不戴，母亲笑笑说：“这么大年纪了，还戴什么，留着你出嫁时给你当嫁妆吧。”

这时父亲便望着母亲笑，说：“你别傻了，她又怎么会要这么老土的东西。”

看着相携走了大半人生之路的父母，想着那枚历经60年风风雨雨的戒指，梅悄悄合掌苍穹，希望上苍能给予她这一份永恒的情感，如祖辈父辈们一样，拥有一份情感，长相厮守，矢志不移。

乌尔曼在一篇文章的结尾处这样写着：

“每一个人的心灵深处都有一座收报台，只要它还能收受来自大地、来自人类、来自世界的美丽、希望、欢欣、勇敢、伟大以及充满能力的讯息，那么你还是年轻的。”

此种感受，对于盲目改变初衷，而不幸碰壁的人来说尤为深刻，是辗转反侧的痛楚，也是殷殷切切的感悟。既然选择了远方的茅舍，又何苦为眼前的海市蜃楼所诱惑?

第五章

抱着这样的心态，就不敢遇到困难

热情是生活的动力

点燃生活中热情的火焰，就有勇气面对生活中突然而来的打击。当你失去至亲时，应当遵循的第一原则就是："把你心中的悲痛如实地宣泄出来。"不要因为你情绪的强烈而感到羞愧，也不要害怕因过度紧张而导致身心崩溃，你现在感觉到的痛苦恰恰是你以后能够健康痊愈的必经之路。对丧亲者而言，朋友这时所起的作用就是要对他的悲痛产生共鸣，而不是去转移他的注意力，这是朋友在他痊愈期间应该采取的办法——寻找机会和他谈论一些关于死者的事情，和他一起回忆一下死者的美德和品质，从而把悲痛引发出来。

处于丧亲之苦中的人应该遵循的第二条原则是："我们必须把自己从对死者的回忆和幻想之中解脱出来"。比如一对夫妇，他们一起工作，和睦相处、共同奋斗，互相分担着彼此的成功与失败，都希望这种婚姻模式能够永远地存在下去。如果其中的一个不幸去世了，这一美满的婚姻生活于是出现了一个令人伤痛的空缺和无法弥补的裂缝。死亡是突如其来的，但让活着的一方从刻骨铭心的记忆中摆脱出来，开始新的生活，却是一个非常漫长的过程。他（她）整天梦想着爱人能够出现在自己的面前，尽管这种想法根本不可能再现了。如果这种失去爱人的痛苦和孤独能够被勇敢地承受下来，他（她）能够咬着牙渡过难关，而不是去躲避、压抑它，他（她）的精神很快就会得到平衡，生活也会很快恢复正常。语言具有自身的魔力，它有一种天赋的能力，能够和药物相配合治愈那些承载过重的心灵。向别人去倾诉吧！说一说逝去的爱人对你的重要性，这样，丧偶之痛就会慢慢地承受住了。

我们生活在各种各样的人际关系中。和快乐的人在一起，我们也会感到快乐；和智者在一起，我们也会受到影响，愿意去思考；和一位著名的画家在一起，我们也会体验到艺术的崇高。我们就像一个很大的矿藏，里面有着丰富的矿产，只是有待矿工的开发。

我们每个人都有着不同的潜能，只是在等待着我们的朋友、同事以及爱人来开发，把我们的热情、智慧和才气变成现实的力量。然而，在失去亲人的那段日子里，很多人都在犯这样一个错误：他们把自己这一矿藏的大门紧紧关闭，把新的朋友和同事拒之门外。他们没有想到，正是这些新朋友和新同事能从这一矿藏中挖掘出名贵的矿产。如果你整日郁郁寡欢，陷入悲痛之中而不能自拔，这一矿藏终究会慢慢荒废，最后，只会剩下破败的蜘蛛网挂在未被开采的矿坑上。

死去的人，已经无法在生活的钢琴上演奏出什么旋律了，但我们不能因此就把琴键锁起来，让钢琴布满灰尘。我们要去寻找新的热情洋溢的艺术家、新的朋友，他们能够帮助我们再次找到新的人生之路。他们将和我们一起肩并肩、手牵手地在这条路上前行。我们要先试着和他人在语言上交流，逐步寻找机会显露自己的性情，从而确立起同他人交往的新方式，开始新的生活。这就是我们说的第二条原则，照此原则去做，不仅能够治愈生者的创伤，而且也能告慰死者的在天之灵。

第三条原则可以这样表述："如果死神斩断了一条非常重要的关系纽带，那么就去寻找另外一个人，使之全部或部分地修复这一关系，这是非常必要的一件事情。"一个失去至亲的人如果处于非常需要和过去相同或相似的生活环境，就必须恢复这一关系纽带。比如，一位失去幼子的母亲，体验的将是世界上最大的痛苦。这主要是因为，她和她的孩子还没有成为独立的个体。这样，如果孩子死了，这个母亲就好像失去了自己身体的一部分，例如失去了一只眼睛或一条腿（一只手）。现在，这一悲剧终究发生了，她和儿子之间的这种爱的关系必须通过某种方式重新确立。怎样才能修复这种关系呢？我们应该鼓励这位母亲去托儿所工作，护士长和心理学家应该激励这位母亲，把她在母子关系中确立的那种行为模式转移到照顾一群孩子的工作中去。

如果这位母亲很快去领养一个孩子，以此弥补失去儿子而造成的感情空缺，则是一种不明智的选择。把爱迅速地转移到一个陌生人身上，潜意识里她会感到对死去的儿子极不忠诚，这个领养的孩子反过来又成了这位母亲潜意识中强烈敌对情绪的牺牲品。如果这位母亲先到托儿所去工作，照顾一群儿童，就能够把她潜意识中的敌对情绪在一个比较大的圈子内淡化，这才是一个比较明智的策略。当深度的创伤部分痊愈，她就可以领养一个孩子或自已再生育一个了，把她那份成熟无私的母爱献给这个孩子。这里我们所说的只是一个比较典型的例子，它说明了我们在失去至亲时应采取的办法。这是一个在固有关系错位后进行修复的过程，也是一个寻找新的生活模式，使之与原来被死神破坏了的生活模式相接近的过程。

我们要敢于直面痛苦，不要奢想这一创伤能够奇迹般地痊愈。死去的人如果在天有灵，是不愿看到我们生活在空虚、悲痛、自暴自弃和自怜自惜之中的，他们希望我们能够勇敢地、信心十足地去争取更好的生活。如果我们能够无畏、果断地面对现实，是能够做到死去亲人所企盼的这一切的。人不应该老是沉迷于过去，而是应该着眼于未来。只要我们一息尚存，就应该去追求幸福的生活。

今天，我们必须把这些明智的教诲牢记在心里。如果我们深爱的人离我们远去了，在他病重期间，我们已经照顾、服侍了他们好多年了，对此，我们问心无愧。我们应该再去寻找那些需要关爱和照顾的人，他们也是需要我们的爱的。这样的一种奉献是治愈我们创伤的辅助药品，它能让我们走出情感的低谷。如果一个儿子、兄弟或者丈夫在争取自由的战争中不幸牺牲了，我们应该化悲痛为力量，积极投入到工作中去，完成他们未竟的事业。我们应该接过他们手中的接力棒，充当他们的信使和代言人，去完成他们毕生为之奋斗的、遗留给我们的使命。他们活过、努力过、笑过、付出过，以后的日子，他们不可能再和我们一起度过了，但我们要前赴后继，更加努力，去实现他们的遗愿。

所以，如果一个人遭受到了丧亲之痛，首先要让他把这种悲痛宣泄出来而不是去压抑它，这在以后的日子更能够帮助他适应生活。其次，让亲戚朋友帮助他去找到一些相近的生活样本，培养一些新的兴趣，这些能够用来弥补死者在他心中留下的空缺。当然，这样的过程不可能毫不费力、自然而然地完成，悲伤者必然会度过一段孤独、空虚的日子。在这段日子里，他会绝望至极，对世间事务没有任何兴趣。即使在程度较轻的悲伤中，人们也不会很快地走出阴影，重新燃起生活的热情火焰。心有所想必有所成

俗话说：“心有所想，事有所成。”人类心理学家马斯洛认为：人类要展现更好的自我行动、实现自我，必须要拥有“巅峰经验”。所谓“巅峰经验”是指：如果对最幸福的状况、最满足的状况，都已有所体验，或正努力体验，就能够达到自我实现。

现实生活中很多人还没开始就先放弃。总认为自己没有才能，缺乏毅力。

他们忽略了只要秉持着勇气和信念，努力展现行动，就会有超乎想象的力量与成果。

试试下列的动作：双手十指交握，伸出食指，稍微张开，凝视两指之间，慢慢将两指合在一起。然后，凝视两指之间，口中念着——手指不会粘在一起，不会粘在一起。

人的努力就是同样的情形。

人心是易变的，常因一点小事而喜、而怒。由先前的小试验可以了解，当心中的希望增加时，会自然的朝向那个方向前进。如果缺乏信心，做什么都不顺利。

与人交往也是如此，如果一开始就抱有成见，彼此对对方都不会有好感。但是，如果你面带微笑、心态爽朗，两人都会轻松起来。

每个人难免都会遇到烦恼、悲伤的事情，或遭人误解，但是，只要保持开朗的信念，一定可以转悲为喜、逢凶化吉。毕竟最重要的，就是自己的心。

笑对困难又何妨?

一个能够在逆境中微笑的人，要比一个一面临艰难困苦、勇气就要崩溃的人伟大得多。一个能够在一切事情与他的愿望相悖时微笑的人，是胜利的候选者，因为这种心态，普通人是不能够做到的。

忧郁、阴沉、颓废的人，在社会上不受人重视。没有人愿意同他待在一起；每个人见了他，都只是看看他，然后就会离开了他。

我们不喜欢那些忧郁、阴沉的人，正像我们不喜欢给予我们以不调和印象的画一样。我们会本能地趋向于那些和蔼可亲、趣味盎然的人。我们要使人家喜欢我们，首先要使我们自己变得和蔼可亲和乐于助人。

人不应该把自己降为感情的奴隶。更不应把全盘的生命计划、重要的生命问题，都同感情商量。无论你遭遇的事情是怎样的不顺利，你都应努力去支配你的环境，把你自己从不幸中解脱出来。如果你背向黑暗，面对光明，阴影就会留在你的后面！

一切学问中的学问，就是怎样去肃清我们心中的敌人——平安、快乐和成功的敌人。时时学习着去集中我们的心于美而不是丑，真而不是伪，和谐而不是混乱，生而不是死，健康而不是疾患——这是人生中必修的一门功课。

假如你能够绝对拒绝那些夺去你快乐的魔鬼；假如你能紧闭你的心扉，而不让它们闯入；假如你能明白，这些魔鬼的存在，只是你自己为它们提供了方便，那么它们就不会再光顾你了。努力培养一种愉快的心情！假如你本来没有这种心情，只要你能努力，不久就会具有这种美德的。

一位神经科专家告诉人们，他发明了一个治疗忧郁病的新方法。他劝告他的病人，在任何环境下都要笑。强迫自己，无论心中喜欢不喜欢，都要笑。“笑吧！”他对病人说，“连续着笑吧！不要停止你们的笑！最低限度，试着把你们的嘴角向上卷起。这样不停地笑时，看你感觉怎样！”他就是用这种方法治愈他的病人的。

把忧郁在数分钟之内驱逐出心境，这在一个精神良好的人是完全可能做到的。但多数人的缺点就在于不肯开放心扉，让愉快、希望、乐观的阳光照进，相反却紧闭心扉想以内在的能力驱除黑暗。他们不知道外面射入的一缕阳光会立刻消除黑暗，驱出那些只能在黑暗中生存的心魔！

在你感觉到忧郁、失望时，你应当努力适应环境。无论遭遇怎样，不要反复想着你的不幸，不要多想目前使你痛苦的事情。要想那些最愉快最欣喜的事情，要以宽厚亲切的心情对待人，要说那些最和蔼最有趣的话，要以最大的努力来制造快乐，要喜欢你周围的人！这样，你很快就会经历到一个神奇的精神变化，遮蔽你心田的黑影将会逃走，而快乐的阳光将照耀你的全部生命！

你可尝试着走进最有趣的社交圈中，寻求一些可以使你发笑、使你高兴的无邪的娱乐。这是一种精神的更新，这种精神的更新，有时能在同家中的孩子玩耍时找到，有时能在戏院中找到，有时能在有趣的对话中找到，有时能在埋头于一本有趣或激励的书本中找到，有时能在睡眠中找到。

田野也是一个很好的精神更新者与忧闷的治疗者，有时花上一个小时的时间在阳光下的田野里散步，就可以改善你的精神状态。

改善精神状态后你会发现，忧闷的毒害可以被抵消，颓废的空气可以被改变。这种神奇你也会感觉到像换了一个新人一样。

笑是精神生活的阳光。没有阳光，万物皆不会存在或成长。你得学会善意的幽默，并且开怀大笑，在笑声中观察五彩缤纷的真实生活。

丘吉尔曾这样说过："我认为，除非你理解世上最令人发笑的趣事，否则你便不能解决最为棘手的难题。"

贝特丽丝·伯恩斯坦已经70多岁了，她两次寡居，但她仍尽情地生活——探望儿孙，读书旅行，义务演出，过着快乐的一生："我已经过了生命的巅峰，但仍然享受下坡的快乐，做了快9年的寡妇，我为自己创造了一个充实且愉快的生活。我在亚利桑那州立大学一起修课的同学，在我第二任丈夫于1982年因结肠癌去世时，成了我的支持团体。

"借助青年旅行的计划，我和同龄人一起环游世界，他们和我有同样嗜好，也需要伙伴。自退休后，我所进行的最有价值的计划，就是参加'圣约之子'为以色列"活跃退休者"所举办的为期三个月的节约活动。活动中，我在内坦亚的东正教看护中心担任祖母的角色，要照顾从18个月到3岁的小孩子。没错，有时工作很烦很累，但是能提供服务，付出爱以及得到爱，这为我带来一种就像照顾自己亲生孩子般的快感。"

在伯恩斯坦太太76岁生日时，满屋的朋友共同举杯祝福她："祝您活到120岁！"伯恩斯坦太太的笑绽开了额头的皱纹："我也许刚好可以活到那么老，就剩下了44岁了。"

看，生活就这么简单，就跟笑一样——那么简单！

笑吧，为笑而笑，这就是笑的理由。其实，你并不要为笑寻找理由。只要笑，这就足够了，生活中最为珍贵的礼物——笑，它让你的生活充满阳光。

你最大的敌人是自己

一个人只有具备了敢于挑战自己的素质，就能做成在这个世界上想做的任何一件事。

在日本有一个学业成绩优秀的青年，去报考一家大公司，结果名落孙山。这位青年得知这一消息后，深感绝望，顿生轻生之念，幸亏抢救及时，自杀未遂。不久传来消息，他的考试成绩名列榜首，是统计考分时，电脑出了差错，他被公司录用了，但很快又传来消息，说他又被公司解聘了，理由是一个人连如此小小的打击都承受不起，又怎么能在今后的岗位上建功立业呢？这个青年虽然在考分上击败了其他对手，可他没有打败自己心理上的敌人，他的心理敌人就是惧怕失败，对自己缺乏信心，遇事自己给自己制造心理上的紧张和压力。

在追求成功的道路上，我们发现一部分人失败了，而另一部分人却成功了。这其中的主要原因是：前者是被自己打败，而后者却能打败自己。

美国有位叫凯丝·戴莱的女士，她有一副好嗓子，一心想当歌星，遗憾的是嘴巴太大，还有龅牙。她初次上台演唱时，努力用上嘴唇掩盖龅牙，自以为那是很有魅力的表情，殊不知却给别人留下滑稽可笑的感觉。有一位男听众很直率地告诉她：“龅齿不必掩藏，你应该尽情地张开嘴巴，观众看到你真实大方的表情，相信一定会喜欢你的。也许你所介意的龅牙，会为你带来好运呢！”

一个歌唱演员在大庭广众之下暴露自己的缺陷，首先是要用理智说服自己，还要有勇气打败自己。凯丝·戴莱接受了这位男听众的忠告，不再为龅齿而烦恼，她尽情地张开嘴巴，发挥自己的潜能特长，终于成为美国影视界的大明星。

一个人要挑战自已，靠的不是投机取巧，不是要小聪明，靠的是信心。

世界著名的游泳健将弗洛伦丝·查德威克，有一次从卡得林那岛游向加利福尼亚海湾，在海水中泡了16小时，只剩下一海里时，她看见前面大雾茫茫，潜意识发出了“何时才能游到彼岸”的信号，她顿时浑身困乏，失去了信心。于是她被拉上小艇休息，失去了一次创造纪录的机会。事后，弗洛伦丝·查德威克才知道，她已经快要登上了成功的彼岸，阻碍她成功的不是大雾，而是她内心的疑惑。是她自己在大雾挡住视线之后，对创造新的纪录失去了信心，然后才被大雾所俘虏。过了两个多月，弗洛伦丝·查德威克又一次重游加利福尼亚海湾，游到最后，她不停地对自己说：“离彼岸越来越近了！”潜意识发出了“我这次一定能打破纪录！”的信号，她顿时浑身是劲，最后弗洛伦丝·查德威克终于实现了目标。

人有了信心，就会产生意志力量。人与人之间，弱者与强者之间，成功与失败之间最大的差异就在于意志力量的差异。人一旦有了意志的力量，就能战胜自身的各种弱点。

一个人有了信心，有了意志的力量，就具备了敢于挑战自己的素质，就能做成在这个世界上想做的任何事情。

人生最大的挑战就是挑战自己，这是因为其他敌人都容易战胜，唯独自己是最难战胜的。有位作家说得好：“自己把自己说服了，是一种理智的胜利；自己被自己感动了，是一种心灵的升华；自己把自己征服了，是一种人生的成熟。大凡说服了，感动了，征服了自己的人，就有力量征服一切挫折、痛苦和不幸。”

有了希望，还怕什么困难

希望是催促人们前进的动力，也是生命存在的最主要激发因素：只要活着，就有希望；相对的，只要抱有希望，生命便不会枯竭。希望，不一定是多么伟大的目标，它可以缩小到平淡生活中的一些小期待，小盼望，小快乐，小满足，譬如明天会看到太阳，明天要去听一场音乐会；下星期约了老朋友喝茶，下个月即将有一小笔奖金；阳台上的盆花，即将盛开；明天将穿一件新衣，购买一件想要的物品，完成一个崭新的计划……虽然在别人眼里，或许尽是些微不足道的细碎小事，但是，对个人而言，却能带来一些乐趣，也都值得等待，这些就都是喜悦的希望。希望，可能是明天公布考试成绩得高分，或是荣登金榜；希望可能是明天见到自己心爱的人，或是获得自己渴望的答案，也可能是洞房花烛夜的日子；希望可能是工作获得上级的肯定，能表现自己的才华和成就，希望就是这样平平常常的满足，从从容容的期盼。

……

有这样一个农家女子，生长在偏远的小村子里。过着日出而作日落而息的生活，她喜爱一项传统工艺：剪纸，并达到了比较高的水平。

这个女孩子不知从哪里道听途说这么一个消息：一些外国人喜欢中国的工艺品，大老远跑到山西的农家小院去买老太太做的虎头鞋，一双十美元，值好几十块钱呢。她想，北京是首都，外国人多，如果把自己的剪纸拿到那里一定能卖个好价钱。18 岁那年，她为自己的剪纸作品进行了第一次尝试，她带着省吃俭用攒出来的路费，满怀希望地到了北京。但是她没有想到，北京艺术品市场里的剪纸那么便宜，她带去的作品，一块钱一张都没人要，险些连回家的路费都成了问题。这次尝试得到的答案是：此路不通，后果是不仅没挣到钱还赔上了一笔路费。此时，这位女孩应当把什么放在第一位？女孩选择了坚持。她坚持继续学习剪纸艺术。

22岁那年她为自己的剪纸进行了第二次尝试。她苦苦哀求、软磨硬泡拿到了父母为她准备的一千元嫁妆钱，交了省城一家美术馆的展览费。这一次更惨，她不仅赔上了自己的嫁妆钱，还欠下了一大笔装裱费，而且成了乡邻茶余饭后的笑料，这样的后果她已经无法承受了，只好一走了之，为还钱跑到深圳去打工。打工的那段日子尽管她过得很艰难，但她除了每天在流水线上拼命工作外，还挤出时间去上晚间的美术课，处处留心实现自己剪纸梦想的机会。

后来，她做了一次又一次尝试。随着年龄的增长和人生阅历的增加，她将自己所能了解到的途径都一一尝试了。到艺术学校自荐、参加各种各样的评比和展出、给报纸杂志寄作品、报名参加电视台的参与节目、想方设法接触记者、联系赞助搞个人展、请工艺品店和市场代卖、去印染厂推销自己的图样设计，等等……她的尝试有许多都失败了，但她勇敢地承担每一次失败带来的后果，曾被中介骗子骗走了所有的作品，也曾被债主逼得走投无路。每失败一次都要狼狈不堪地善后，但她每一次在面临选择的时候，始终把酷爱的剪纸艺术放在第一位。后来，她有了自己的一个小小剪纸工作室，靠剪纸维持自己的生活。她满足了，快乐地认为自己获得了成功，因为日夜与她相伴的是剪纸艺术。最后农家女终于成了远近闻名的“剪纸艺人”。

农家女就是这样每天给自己一个小小希望，生活便充满无限活力，然后，她没有时间去想东想西，去悲春叹秋了。

一位原籍上海的中国留学生刚到澳大利亚的时候，为了寻找一份能够糊口的工作，他骑着一辆旧自行车沿着环澳公路走了数日，替人放羊、割草、收庄稼、洗碗……只要给一日饭吃，他就会暂且停下疲惫的脚步。一天，在唐人街一家餐馆打工的他，看见报纸上刊出了澳洲电讯公司的招聘启事。留学生担心自己英语不地道，专业不对口，他就选择了线路监控员的职位去应聘。过五关斩六将，眼看他就要得到那年薪三万五的职位了，不想招聘主管却出人意料地问他：“你有车吗？你会开车吗？我们这份工作要时常外出，没有车寸步难行。”澳大利亚公民普遍拥有私家车，无车者寥若晨星，可这位留学生初来乍到还属无车族。为了争取这个极具诱惑力的工作，他不假思索地回答：“有！会！”“4天后，开着你的车来上班。”主管说。

4天之内要买车、学车谈何容易，但为了生存，留学生豁出去了。他在华人朋友那里借了500澳元，从旧车市场买了一辆外表丑陋的“甲壳虫”。第一天他跟华人朋友学简单的驾驶技术；第二天在朋友屋后的那块大草坪上摸索练习；第三天歪歪斜斜地开着车上了公路；第四天他居然驾车去公司报了到。时至今日，他已是“澳洲电讯”的业务主管了。

这位留学生的专业水平如何我们无从知道，但他的胆识确实让人佩服。不完美，也给自己留一份希望去努力。如果他当初畏首畏尾地不敢向自己挑战，不给自己以希望，绝不会有今天的辉煌。那一刻，他毅然决然地斩断了自己的退路，让自己置身于命运的悬崖绝壁之上。正是面临这种后无退路的境地，人才会集中精力奋勇向前。从生活中争得属于自己的位置。

面对生活，不论希望大小，只要值得我们去期待、去完成、去实现，都是美好的，而当我们在进行的过程中，必然会体会到其中的快乐，生命便也因此更丰盈，更有意义。

拒绝“学来的无能为力”

美国心理学会认为“学来的无能为力”这种理论可以说是20世纪具

有划时代意义的理论，拿破仑·希尔在研究这种理论后，得出结论：许多人面对生活中的挑战时放弃或中止，而不继续努力，就是因为他们学会了“无能为力”，从而在脑中形成定势。

宾州大学研究生马丁萨利格曼做了一项造成人类心理学重要突破的实验，首先由狗的实验开始。萨利格曼观察许多狗接受电击的实验之后，发现有些狗根本不做任何反应，只是躺下来忍受痛楚。其实验分为两个阶段：在第一阶段中，把狗分成三组。A组的狗拴上链子，并承受轻微电击，如果它们用鼻子碰一下横竿，就能使电击停止，狗儿很快就学会这个把戏。B组的狗系上同样的链子，也施以电击，但没有训练他们停止电击的办法，这些狗只能逆来顺受。C组的狗则是控制组，虽然系上链子，但不受电击。

在实验的第二个阶段，他一次一只，把所有的狗都关入一个箱子里，箱子的中央有一块低的障碍物，每只狗都在箱子的一端接受轻微电击，而停止电击的方法就是跳过障碍物到达箱子另一端。可想而知，A组的狗（可以控制电击的那一群）和C组的狗（未遭受过电击）很快就找出越过障碍物，逃过不适之感的方法，但在第一阶段无法控制电击的狗群则有不同的反应，他们躺下来低吠，并没有尝试逃脱。

萨利格曼发现，这些狗已经“学会无能为力”，彻底摧毁了它们的行动动机。学者也发现猫、鼠、狗、蟑螂和人全都可以学到相同的反应。“学来的无能为力”乃是以为不论你做什么，不论如何努力，都不会有任何效果。

学来的无助乃是因对挫折无能为力而来，最有名的例子是纳粹集中营幸存者维克多·法兰克的经验，这位知名的心理学者以自己的切身经历描述了许多囚犯学会无能为力的时刻。在集中营里，守卫在囚犯入营时，就告知他们终生都别想再见天日，对此说深信不疑的人不久就会死亡。而在未遭处决的囚犯中，不理会卫兵的言语，深信一切都会过去的人，都活了下来。

后天“学来的无能为力”和获得力量必然互相排斥，不可能共存。

“无能为力”的人绝不会获得力量，而获得力量的人也绝不会觉得无助沮丧。“无能为力”的想法自然是获得力量的阻碍，因此也阻挠你的成功。

许多大企业都因员工“学得无能为力”，影响整体表现。一名主管描述他请丧失工作热忱的员工做些改变时说：“简直就像呼唤笼中狗一样，根本不肯动，因为他们知道不可能有结果。”生活中难免没有逆境，然而不能适应逆境的人，在生活各个层面都会受到折磨。由许多大企业的经验发现，后天“学来的无能为力”会影响企业的表现、生产力、员工工作动机、精力、学习、进步、进取、创意、健康、活力、弹性和毅力。

“学会无能为力”是可悲的，它使人们不敢挑战现存的固有的东西，形成思维定式，结果只能是消极无为。希尔引导人们莫作“笼中狗”，要拒绝“无能为力”，变消极为主动。魏恩梅就是积极迎对生活的典范。

魏恩梅生来就有罕见的眼部疾病，视力逐渐退化，到13岁时已经瞎了。人们告诉他，因为视力障碍，他永远不可能做其他人能做的事。但魏恩梅并不接受有这样限制的人生，多年来，他努力克服困境，在挫折中依旧找到了自己的天地。首先他加入高中摔跤队，成为两名队长之一，接着又获得州比赛的第二名。接下来他面对攀岩的挑战——这对拥有完好视力的正常人而言，都是非常艰难的活动，然而魏恩梅说：“失明并不会使我失去生活中的乐趣。”他接纳了眼前的逆境——失明，并化为优点，以更敏锐的其他知觉征服少有人能征服的挑战。1995年，他攀上高达两万零三百二十尺的北美最高峰麦金莱峰；1996年，更成为第一位攀上三千尺高花岗巨岩——加州优山美地公园卡比顿岩壁的盲人。如今在一所学校任教的魏恩梅说：“失明只是使人不便。”他对登山的看法是：“你只是得找出另一个方法来做这件事。”

“学来的无助”来自人们相信自已无能为力；相反地，魏恩梅在面对逆境时不受无能为力的想法困扰，在失明的情况下，他攀上高三千尺的花岗岩壁。如果我们每个人都能够拒绝无能为力，那我们的成就也将不可估量。

苦难也可以成为财富

苦难可以磨炼我们的意志，每个人都应勇敢地、坚定地走好生命中的每一步路。

困难可以将你击垮，也可以使你重新振作。这取决于你如何去看待和处理困难。美国名作家罗威尔曾说：“人世中不幸的事如同一把刀，它可以为我们所用，也可以把我们割伤。那要看你握住的是刀刃还是刀柄。”

遇到困难时，如果握着“刀刃”，就会割到手；但是如果握住“刀柄”，就可以用来切东西。要准确握住刀柄，可能不容易，但还是可以做得到的，只不过要讲究方法和技巧。

在我们讨论处理困难之前，我必须告诉你，人生中能够遇到这些困难，是值得高兴的事情。若没有了这些，人生就不成其为人生。虽然困境有其令人难以接受的一面，但人生中的成长及方向却又不可缺少困难的磨炼。

在处理难题时，首先你必须要冷静，尽量沉着应对。如果你的内心无法保持冷静，就无法有效处理它。通常我们遇到难题时总是急躁不安。我们总是想着这些问题必须立刻解决，必须采取某些行动。

当你心慌意乱时，想要找出理性的答案是不太可能的。唯有平静下来，你才能真正地面对难题，这才是理性的思考。

卡莱尔曾说过：“沉默是伟大事物的基本要素。”沉默可以调整你的心灵，使得犀利睿智的见识浮现出来。主要的诀窍是让你自己能完全放松，深入信仰的静谧中，如此便能冷静思考。然后，你便能掌握住大方向，困境自然也会迎刃而解。

另外一个处理困境的诀窍是，绝不放弃、绝不后退。只要你能明智地面对难题，最后你会发现，任何困难都会迎刃而解。

当许多事情不顺心而你也疲于应付时，你该怎么做呢？你必须努力不懈，对未来有积极的憧憬，尽你所能。只要你能坚持，便能成功。

这便是历史上的伟大人物们面对困难的方法。阅读有关这些伟人的书籍，了解他们如何在困境中坚定信念，绝不让步，这是个有利于自己学习如何面对困难的好方法。

获得胜利的另一个因素是信心。“相信你能做到，而且你一定能做到。”信心是解决问题的最有效的利器。当你相信难题可以克服时，你已经离胜利不远了。最重要的原则之一是，人可以达成他们认为可以完成的任何事。

通常人们被困难击败的主要原因之一就是他们自认为可以被打败。而克服困难的一个最大的诀窍，如同我们所说的，也就是要学会相信他们可以击败困难。为了做到这一点，你的心理及精神就要不断地成长。你可以在心灵方面茁壮成长，战胜任何难题。换句话说，你必须比所遇到的困难更高更壮才行。

积极心态的伟大功效之一是，它教导人们停止与自己对抗。事实上，很多人必须练习如何打败自己。因为他们坚信自己无法处理自己的困境，他们已经被自己的心灵击败了。

如果你可以因为成长而克服困难，则困难就是激励你成长的要素。俄罗斯有一句谚语：“铁锤能打破玻璃，更能铸造精钢。”如果你像钢一样，有足够的坚强作为打造的品质，去克服人生中的困难，那么这些困难正好可以磨铸你的意志和力量。

美国前总统艾森豪威尔曾把自己的母亲看作是其认识的人中最明智的人，她的明智来源于她的宗教信仰。她在家庭里制造出这种神奇的力量，而她就是这种力量的中心。

艾森豪威尔曾回忆说，有一天一家人晚上玩牌，他很埋怨自己手气不好。母亲突然停下，告诉他玩牌的时候要接受自己抓来的牌，并说明生活也是这样，上帝为每个人发牌，而你只能尽自己最大努力玩好自己的牌。

艾森豪威尔说他从来没有忘记过这条教诲，并且一直遵循它。

这个故事告诉我们：要学会在困难之前退后一步，冷静下来，沉着思考，并以平静平和的心境来看待全局。同时要学会控制情绪，以持续的工作来迎接最后的胜利。

没有信念，怎能战胜困难

有一位母亲失去了她唯一的孩子——一个美丽而活泼的 14 岁的女孩，这孩子给每一位认识她的人都带来了笑容和鼓舞。这位母亲为了消除她的损失所造成的悲伤，就培养了一种崇高的信念，并投身于伟大的事业之中。今天她和美国千千万万的妇女在一起，正在努力使这个世界成为值得生活得更美好的世界。这位妇女为了让人们与她一起分享那种帮助她产生崇高信念的东西，写了下面一段文字：

失去爱女的令人麻木的痛苦绝不会远离我的心田。她是在挚爱中受孕的，以挚爱培育起来的，她是我们的整个未来和一切希望。全能之神从我们手中夺去了这唯一的孩子，我们的损失无法估量。未来光明的前景变得暗淡了，因为我们的生命之灯已经熄灭。我们的生活变得空泛无味，所有甜蜜的东西都变得苦涩了。

我丈夫和我的反应同每一个失去亲人者的反应完全一样，笼罩在我们心头的是那个永远得不到回答的问题——为什么?！我的丈夫退休了，为了排遣心中的痛苦，我们卖掉了房子，到处旅行。但是当我们面对严峻的现实，当我们不能逃离悲伤和痛苦的记忆时，我们才回转过来。慢慢地，极其慢地，我们认识到损失并不是我们独有的。我们寻找过安慰，但毫无所获，因为我们的动机是以自我为中心的。花费了几个月的时间，我才开始接受这个事实，我们的欢乐、健康和安全都是全能之神带来的祝福，这些无限仁爱中的每一种，就其真正的意义和失不可得的可贵价值说来，都应当得到珍爱。

由于上天把我丈夫的爱给了我，由于我能生活在我们伟大的国家里，由于我的朋友和我的未受损伤的五官感觉，由于我周围一切良好的东西，我要向全能之神表示感激和谢忱。现在我要努力使我自己沿着正确的方向前进。

全能之神虽然夺去了我最亲爱的孩子，但作为补偿，他给了我一种仁爱之情……我经常在社会工作中寻求适当的位置，我相信社会工作终将给我一个机会，使我为人类留下一小笔遗产，以代替我可爱的女儿。

现在，我最热烈的愿望就是：所有受到丧失亲人之苦的人们，能在帮助他人中找到慰藉和宁静。

今天，这位极善良的母亲在崇高的信念中找到了慰藉和宁静。

如果一个人能够拿出他自己的一部分东西去帮助他人，全国——实际上全世界——都能受到他的崇高信念的影响。

奥里生·斯威特·马登就是这样的人。靠着他的帮助，一些人的消极态度变成了积极态度。

马登在7岁时就成了孤儿，这时他不得不自己去寻找住房和饮食。早年他读了苏格兰作家斯迈尔斯的《自助》一书。斯迈尔斯像马登一样，在孩提时代就成了孤儿，但是，他找到了成功的秘诀。《自助》一书中的思想种子在马登的心中形成了炽烈的愿望，发展成崇高的信念，使他的世界变成了一个值得生活得更美好的世界。

在1893年经济大恐慌之前的经济繁荣时期，马登开办了四个旅馆。他把这四个旅馆都委托给别人经营，而他自己则将时间花在写书上。实际上，他要写一本能激励美国青年的书，正如同《自助》过去激励了他一样。正当他勤奋地写作时，令人啼笑皆非的命运捉弄了他，也考验了他的勇气。

马登把他的书叫作《向前线挺进》。他采用的座右铭是："要把每一时刻都当作重大的时刻，因为谁也说不准何时命运会检验你的品德，把你置于一个更重要的地方去！"

就在这个时候，命运开始检验他的品德，要把他安排到一个更重要的地方去了。

1893 年的经济大恐慌袭来了。马登的两个旅馆被大火烧得精光，即将完成的手稿也在这场大火中化为灰烬。他的有形财产都付诸东流了。

但是马登具有积极的心态。他审视周围，看看国家和他本人究竟发生了什么事。他的第一个结论是：经济恐慌是由恐惧引起的，诸如恐惧美元贬值、恐惧破产、恐惧股票的价格下跌、恐惧工业的不稳定等。这些恐惧致使股票市场崩溃。567 家银行和贷款信托公司以及 156 家铁路公司都破产了。失业影响了数以百万计的人们，而干旱和炎热，又使得农作物歉收。

马登看着周围物质上的和人们心灵上的废墟，觉得有必要来激励他的国家和人民。有人建议他自己管理其他两个旅馆，他否定了。占据他身心的是一种崇高的信念，马登要把这种信念同积极的心态结合在一起。他又开始着手写书了，他新的座右铭是一句自我激励语句："每个时机都是重大的时机。"

他告诉朋友们说："如果有一个时候美国很需要积极心态的帮助，那就是现在。"

他在一个马厩里工作，只靠 1.5 美元来维持每周的生活。他夜以继日地工作，终于在 1893 年完成了初版的《向前线挺进》。

这本书立即受到了热烈的欢迎。它被公立学校作为教科书和补充读本，它在商店的职工中广泛传播，它被著名的教育家、政治家以及牧师、商人和销售经理推荐为激励人们采取积极心态之最有力的读物。它以 25 种不同的文字同时印行，销售数高达数百万册。

马登和我们一样，相信人的品质是取得成功和保持成果的基石。并认为达到了真正完满无缺的品质本身就是成功。他指出了成功的秘密，但是他反对追逐金钱和过分贪婪。他指出有比谋生重要千倍的东西，那就是追求崇高的生活理想。

马登阐明了为什么有些人即使已成为百万富翁，但仍然是个彻底的失败者。那些为了金钱而牺牲家庭、荣誉、健康的人，一生都是失败者，不管他们可以敛聚多少钱财。他又教导说，一个人即使没有成为总统或百万富翁，也可以是一个成功者。

也许马登最伟大的成就之一就是使人们认识到，如果他们仅仅应用他们的孩子所具有的那些美德，他们就可以取得成功。

《向前线挺进》有助于全体人民把消极的态度改变为积极的态度，这也许完全可以作为对马登的报酬。何况全世界都感受到了他的那种影响。

崇高的信念易树立目标；炽烈的愿望能产生动力，引起行动，这是取得伟大的成就所绝对必要的。马登靠勇气和牺牲才把他的崇高理想变成了现实。

没有信心的行动不叫行动

信念是人生获得成功的首要保证，要有成功的信念，才能在追求成功的道路上迈开大步。但是，我们不能去空想，不要怨天尤人，不要对这个世界牢骚满腹，你要去实践，要去行动。千万不要将眼光只盯着别人成功的结果，而更要注意别人成功的经过。所有成功学研究者都告诫我们，你应该在这个世界上找到适合你的位置，找到合适的人生坐标，找到能让你发挥潜能的工作，找到你能够做得最好的工作，而不是你想做或是你能做的工作。那么，你就有可能获得成功。

曾经有一个大学生就读于某著名的高校。在学校时，他的学习成绩和能力是班上最优秀的，毕业时有多家公司愿意聘请他，而且待遇都相当丰厚。但他的想法却是要进部委，走从政之路，好光宗耀祖。于是，他想方设法进了国务院一个部门，开始从杂务做起，每天打开水、扫地。过了几天，他心理开始不平衡，我是高才生，怎么天天只做这些小事呢？于是他就做事就不很认真不很投入了，心中颇有怨言，与周围的同事关系也不好，经常为一些小事与人争吵，给领导留了一个很不好的印象。结果这位大学生一直未被重用，始终是一个小秘书。这个时候他又开始后悔，再想去从事原来的计算机专业，但已经荒废了原有的专业，而当年那些成绩和能力比他逊色的同班同学却在一些计算机公司担任了重要职位。所以，一个人的人生价值能否得到充分体现，关键在于他能否找准自己人生的立足点，找准自己在人生舞台上该扮演什么样的适合自己的角色，无论主角抑或配角，这就是你想做的和能做的区别。

法国有一位著名的心理学家，叫伊尔·索尔芒，调查了全世界的十八个贫困的国家，得出来的结论是：人类最大的敌人不是灾祸，不是瘟疫，不是令人憎恨的战争，人类最大的敌人就是自己。自己的懦弱，自己的虚荣，自己的恐惧。自己都不相信自己的时候，你就什么都完了！

所以，“相信自己”很重要。一个人相信自己，相信世界很美好的时候，他所见到的人都会很友善，世界也会变得美好。一个人不相信自己，怀疑一切的时候，他周围的人就都很狰狞，世界也一片黑暗。

“我优则人优。”所以，这个人虽然很蠢，很笨，但是他很憨厚；这个人慢条斯理，但是他有沧桑的经历；这个人毛手毛脚，他有青春的活泼；这个人很狡猾，但是他很聪明。

要去看他好的方面，不要看坏的方面，掌握他的美好，掌握他的前程，掌握他所有的一切。

严格地要求自己，给别人心里美好、动人的东西，给别人自信，给别人好的感觉，这就叫“人格魅力”，自信的魅力。

一个缺乏信心的人，就如同一根受了潮的火柴，是不可能擦亮希望的火光的。罗宾开讲习班的时候，经常会有人来问他：“我如何才能够培养出信心来?”罗宾的回答是：信心一次产生一点点。反复是培养信心的办法，因为通过确认而不断地向潜意识发送指令，你就会建立和培养起信心来。反复不断地发送到潜意识里面的任何想法，最终都会在潜意识里表演出来，而且反映在你生活的现实中。信心一次建立一点点，直到有一天你拥有了信心，拥有的信心越大，它就变得越强。

信心是一种心理状态，可以通过自我暗示培养起来。如果通过反复不断地确认，觉得你相信自己会得到自己想要的东西，然后传递到潜意识思维里面去，它就会带来这样的成功，因为它的主要任务就是要让你实现自己想得到的人生目标。它看不到任何障碍，也没有任何限制。它只做潜意识思维让它去做的事情。

信心可以移山，可改变历史的进程，可治疗伤痛，也可以创造财富。从直觉上看，我们能感觉到自己的生活中存在着信心的力量，有很多种表达方法可以说明这一点："对自己和自己所做的事情要有信心。"我肯定，一定有人告诉过大家说："坚持信心，要有信心，一切都会好起来的。"这样的人是在鼓励你用自己的一系列行动来坚持住。信心是宗教的基础，也是对于失败的唯一已知的疗法。

现在就是做决定的时候了。你可以从这里开始你一生中最伟大的旅行之一，根本没有任何限制。知道自己应该做什么而又不去做，这是你对自己犯下的最大过错。有了优势而不去利用这个优势，使之在自己的生活中创造神奇，也是人生的悲哀。你所具备的能量并不是偶然来到你身边的，是与生俱来的神灵祝福，是要你去实现缔造者要你去实现的人生目标的。但是，你还有自由意志，还有许许多多的诱惑分散了你的注意力，让你无法全心全意完成你作为一个人的自我实现。

这个道理谁都明白，"千里之行，始于足下"。现在到了你开始伟大旅行的时候了，在你的一生中发挥自我实现预言的巨大力量，为你自己和你所关爱的人获取脑力的最好的办法也莫过于从脚下开始。

第六章

如此心态，难怪人生总是不顺

人生坎坷是命运不公吗

许多年前，有一个名叫海菲的人。他恳求老板改变他地位低下的生活，因为，他爱上了一位美丽的姑娘，而姑娘的父亲却富有而势利。

不想他的恳求获得了老板——大名鼎鼎的皮货商人柏萨罗的恩准。为了验证他的潜力，柏萨罗派他到一个名叫伯利恒的小镇去卖一件袍子。然而，他却失败了，出于一时的怜悯，他把袍子送给了客栈附近一个需要取暖的新生儿。

海菲满是羞愧地回到皮货商柏萨罗那里，但有一颗明星却一直在他头顶上方闪烁。柏萨罗将这种现象解释为上帝的启示，于是，他给了海菲十道羊皮卷，那里面记载着震撼古今的商业大秘密，有实现海菲所有抱负所必需的智慧。

海菲怀揣着这十道羊皮卷，带着老板给他的一笔本金，走向远方，正式开始了他独立谋生的推销生涯。

若干年后，海菲成了一名富有的商人，并娶回了自己心爱的姑娘。他的成就在继续扩大，不久，一个浩大的商业王国在古阿拉伯半岛崛起……

熟悉以上这段文字的人都明白，这是一部奇书的故事梗概，它的名字叫《世界上最伟大的推销员》。作者奥格·曼狄诺，1924年出生于美国东部的一个平民家庭。28岁以前，他从学校出来，有了工作，并娶了妻子。但是后来，由于自己的愚昧无知和盲目冲动，他犯了一系列不可饶恕的错误，最终失去了自己一切宝贵的东西——家庭、房子和工作，几乎赤贫如洗。于是，他开始到处流浪，寻找自己、寻找赖以度日的种种答案。

两年后，他认识了一位受人尊敬的牧师，解答了他提出的许多困扰人生的问题。临走的时候，牧师送给他一部圣经；此外，还有一份书单，上面列着11本书的书名。它们是——《最伟大的力量》《钻石宝地》《思考的人》《向你挑战》《本杰明·富兰克林自传》《获取成功的精神因素》《思考致富》《从失败到成功的销售经验》《神奇的情感力量》《爱的能力》《信仰的力量》。

从这一天开始，奥格·曼狄诺就依照牧师开列的书单，把11本书一一找来细细地阅读。渐渐地，笼罩在他心头那一片浓重的阴云褪去了，似有一抹阳光照射进来，他激动万分，终于看到了希望。

人是自然界最伟大的奇迹，一旦曼狄诺意识到自己的潜力，便焕发出前所未有的生活热情和勇气。他遵循书中智者的教诲，像一位整装待发的水手手中有了航海图，瞄准了目标，越过汹涌的大海，抵达梦中的彼岸。

在以后的日子里，曼狄诺当过卖报人、公司推销员、业务经理……在这条他所选择的道路上，充满了机遇，也满含着辛酸，但他已不可战胜，因为，他掌握了人生的准则。当遇到困难，甚至失败时，他都用书中的语言激励自己：坚持不懈，直至成功！终于，在35岁生日那一天，他创办了自己的企业——《成功无止境》杂志社，从此步入了富足、健康、快乐的乐园。

奥格·曼狄诺的成功为他带来了巨大的荣誉，成为美国家喻户晓的商界英雄。

曼狄诺没有就此止步，开始著书立说。1968年，他写出了《世界上最伟大的推销员》一书。该书一经问世，即以22种语言在世界各个国家出版，不仅仅是推销员，还包括社会各个阶层的人士，都被这部作品充满魅力的风格深深吸引，人们争相阅读，截至1998年，该书在全球总销量达到1800万册。

凡读过此书、并对作者有所了解的人，都不难看出，海菲其实就是曼狄诺本人的化身，而牧师赠给他的11本书，则是那十张充满神秘色彩的羊皮卷。曼狄诺的人生经历使人感慨，如果他没有早年的坎坷，就不会有后来的成就，不平凡的经历是成功的一笔财富，而如果他没有彻悟人生，不是对生活充满热情，并勇敢面对，也不会克服重重困难，成就他辉煌的人生。

杞人忧天就是自寻烦恼

你曾经有过杞人忧天的经历吗？我想每个人或多或少都曾有过。举个例子：假设有一天早晨起得太晚，你不禁会心想："糟糕！起得太晚了，一定会碰上大塞车，上班铁定会迟到。如果到得太晚，老板肯定会对我不高兴；要是他气炸了，说不定会要我走人。万一我失业了，房屋贷款，还有一大堆等着支付的信用卡账单该怎么办？要是不能及时找到工作的话，不但信用破产，房子也会被查封。房子如果没了，我要往哪儿去？没钱又没地方可去，我一定得挨饿，搞不好还会横死街头呢！而这些都是起因于今天这么晚起！"

也许你会觉得这一路推演下来未免太夸张了点，没错，是稍嫌夸张了点，不过，类似这样的杯弓蛇影你绝不会没有过。

为了明天会更好，每个人无不战战兢兢地过活，谁都害怕今天所有的一切明天会幻化成泡影，如此一来恐惧感就油然而生了。

适当的恐惧感可以成为促使我们奋发向上的助力；没有了它，大多数的人就失去了激发自己向上的原动力，也就是没了奋斗动机。但是，过度恐惧却也不是件好事，只会让我们成天忧心，久而久之成了习惯，甚至会内化成个人的性格，变成无事不忧、无事不虑，反而束手束脚，让你什么事也做不了。

如果凡事能够退一步想，不要那么汲汲钻营，忧虑就会减轻不少。以前面的例子来说，虽然迟到了，也可以安慰自己："说不定赶上班的人今天都起早了，一路过去都畅通无阻。万一塞车了，老板可能也还没到。就算被他逮到了，顶多也是刮一顿，没什么事的……"

反正对于未可知的事，所有猜想都是概率问题。以统计学来说，最坏和最好的情况出现的概率都是微乎其微的，同时它们的机会也大略相等。所以，你不必担心，更何况，如果最坏的结果真被你料到了，你又能怎么办？能够改变它吗？所以说，与其一颗心七上八下的，倒不如及早规划一下如何亡羊补牢，甚至是另谋解决之道。

现代社会，是一个竞争越来越激烈的社会，面对挑战，不管你能不能克服，总有过去的时候；现在对你造成威胁的事件，以后未必还会存在。唯有内心那个自我永远不会消失。因此，假如缺乏自信心，你这一生一世就无法摆脱它的控制。

我们应该相信自己，因为在这世上，每个人都是独一无二的，所以你该相信自己。那为什么你会是这世上独一无二的呢？因为你所做的事，别人不一定做得来；而且，你之所以为你，必定是有一些相当特殊的地方——我们姑且称之为特质吧！——而这些特质又是别人无法模仿的。

既然别人无法完全模仿你，也不一定做得来你能做得了的事，试想，他们怎么可能给你更好的意见？他们又怎能取代你的位置，来替你做些什么呢？所以，这时你不相信自己，又有谁可以相信？

况且，每个来到这个世上的人，都是上帝赐给人类的恩宠，上帝造人时即已赋予每个人与众不同的特质，所以每个人都会以独特的方式来与他人互动，进而感动他人。要是你不相信的话，不妨想想：有谁的基因会和你完全相同？又有谁的个性会和你一毫不差？

基于这种种重要的理由，我们相信：你有权活在这世上，而你存在这世上的目的，是别人所无法取代的。

不过，有时候别人（或者是整个大环境）会让我们怀疑自己的价值，所谓三人成虎，久而久之，连我们都会对自己的重要性感到怀疑。请你千万千万不要让这类事情发生在你身上，否则你会一辈子都无法抬起头来。

记住！你有权利去相信自己。

你都不能宽恕自己，别人能吗？

由于工作的原因，我们常要和外人接触。经由密切的互动，人们大多数人都很亲切，很有爱心，也满宽大为怀的。如果你犯了错，而且真诚地要求他人宽恕时，绝大多数的人不仅会原谅你，他们也会把这事儿忘得一干二净，使你再次面对他们时一点愧疚感也没有。

可贵的是，我们这种亲切的态度对所有人都一样，没有什么人种、地域、民族的区分；但就只对一个人例外。谁？没错，就是我们自己。

也许你会怀疑："人类不都是自私的吗？怎么可能严于律己宽以待人？"是的，人总是会很容易原谅自己，不过，这只是表面上的饶恕而已，如果不这么自我安慰的话，如何去面对他人？但在深层的思维里，一定会反复地自责："为什么我会那么笨？当时要是细心一点就好了。"或是"我真该死，这样的错怎能让它发生？"

如果你还不相信，请你再想想自己有没有犯过严重的错误，如果想得出来的话，那你一定还耿耿于怀，没真的忘了它。表面上你是原谅了自己，实际上你是将自责收进了潜意识中。

我们可以对他人这么宽大，难道就没有资格获得自己这种仁慈的对待吗？

没错，我们是犯了错。但除了上帝之外，谁能无过？犯了错只表示我们是人，不代表就该承受如下地狱般的折磨。我们唯一能做的只是正视这种错误的存在，从错误中学习，以确保未来不会发生同样的憾事。接下来就应该获得绝对的宽恕，接着就得把它给忘了，继续往前进。

人的一生中犯的错误可多了，要是对每一件都深深地自责，一辈子都背着一大袋的罪恶感过活，你还能奢望自己走多远?

人生之帆，不论顺风或逆风都要前进。宽恕自己，才能把犯错与自责的逆风，化为成功的推力。

要学会尊重自己，其中一个方法便是接受自己——不仅接受自己的优点，也接受自己的缺点。我们绝大部分人对自己都持有双重的看法，在他们的想象中，在两个不同的房间里挂着自己不同的肖像画。一个房间的画像全是用浓墨重彩画成的，全部表现其优秀品质，没有任何阴影。另外一个房间里挂的是帆布画，画像稀奇古怪，就像达利安人所做的涂鸦之作，画面阴暗沉重，令人窒息。

我们不能将这两幅画像隔离起来，片面地看待自己，而是需要将其放到一起综合考察，最后合二为一。我们在踌躇满志时，往往不敢正视自己内心的愧疚、仇恨和羞辱；在垂头丧气时，却又不敢相信自己拥有的优点和取得的成就。

我们应该画出自己的新画像；更应该实事求是地接受自己、了解自己，我们所做的一切都不是十全十美的。很多人常常会过分严格地要求自己，凡事都希望完美无缺，妄想自己能像上帝一般的完美无缺，这是不理智的想法。我们每个人都是一个综合体，在我们身上都有暴君、批评家和勇士的某些性格特征。有时候我们希望支配他人、算计别人，快意于别人的苦痛，但这些恶劣品性是能够也必须服从于人格中的善的一面的。

有些人因为自己有时候具有消极的破坏性感情，就以为自己是邪恶的，于是一蹶不振，自暴自弃，这很让人惋惜。我们应该明白，少许的性格缺点并不能说明我们就是不受欢迎的人。恩莫德·巴尔克曾警告人类说，以少数几个不受欢迎的人为例来看待一个种族，这种以偏概全的做法是极其危险的。在今天，对人的个性采取以偏概全的做法，同样也是极其危险的，我们应该避免这样的做法。我们对自己、对别人具有攻击性、怀有仇恨，这些感情是人性的一部分，但我们不必因此就厌恶自己，觉得自己就像社会的弃儿一般。意识到这一点，我们就能在精神上获得超脱和自由。

如果我们能坦然接受自己的这些缺点，我们就不必戴着面具去生活。我们就会真正成为自己本身！道德上的过于自负及苛刻的自我要求，都是内心世界的最大敌人。我们要学会适当地宽容自己，要知道我们不可能像天使那样纯洁无瑕，能认识到这一点，我们才能保持内心的平静。

在现实生活中，人会有各种各样的心境、冲动、品性、情感，我们应该为之高兴才是。史蒂文森曾经说过："世界是如此的丰富多彩，我们就像国王般幸福快乐。"这句话虽然带着孩子般的天真烂漫，但如果采取前述的态度理解这句话，我们便可以充分领会到这句话的深刻内涵。

但要想形成这种面对生活的态度，是不大可能一蹴而就的。我们的进步是缓慢的、渐进的，有时甚至让人灰心丧气。

纽约的一位精神病医生遇到一个病人，这个病人酒精中毒，已经为此治疗了两年。有一次，病人来看医生，要进行心理治疗。病人告诉医生，前两天，他被解雇了。当心理治疗完毕后，病人说："大夫，如果这件事发生在一年前，我是承受不住的。我想自己本来可以做得更好，避免这类事情的发生，但却未能做到，为此我会去酗酒。说实话，昨天晚上我还这么想呢。但我现在明白了，事情既然已经发生了，就该正视它，坦然地接受它。失败就像成功一样，是人生中难得的经历，它是我们人生中不可避免的一部分。"

医生认为，病人对自己如此宽宏大度，这是一个显著的进步。正像医生所预测的那样，此后，在另外一个工作领域，这个前来求医的患者取得了令人瞩目的成就。如果人们能坦然接受生活的全部，那么不论是成功还是失败，都不能使他为之所动。

如果我们对自己采取一种多元主义的态度，我们就会正确看待各种不良心境。沮丧、残酷、执拗，这些都只是暂时的现象，是人的多种情感之一。要求自己完美无缺，怀有这种想法的人往往极其脆弱，他们常常会因为对自己过分苛刻而感到绝望。作为多元主义者，我们有时候可以将自己想象得更好一些，有时候把自己想象得差一点也无妨，我们不再要求自己完美无缺。每个人的性格中都有引起失败的因素，也有导致成功的因素。我们应有自知之明，把这两个方面都看作是人性的固有成分，接受它们，进而努力发挥人性中的优点。

教人学会正确的自爱，这是任何明智的宗教都应该关心的问题。只要人类对自身的态度是错误的，他们就不可能正确地对待他人。如果一个人都不爱自己，那么要求他们像爱自己一样去爱邻人，又从何谈起呢？

人在心情不好的时候会不自觉地把坏心情抱得更紧，关起门不跟人说话，嘟着嘴生闷气，锁着眉头胡思乱想，结果心情更坏、更难过。所以，人要学习放下心情，拒绝让它折磨才行。

我们想拥有好心情，就得从原有的坏心情中开脱，从烦恼的死胡同中走出来。请注意，肯放下心情的包袱，好好检视清楚，看看哪些是事实，把它留下来，设法解决。哪些是垃圾，是给自己制造困扰的想法，要狠下心来，把它抛开，这才能应付自如，带来好心情和清醒的头脑。因此，人人都应该学放下、学割舍。

在《星云禅话》中有一则故事，讲得很生动，对我们很有启发性。这故事讲的是一位旅者，经过险峻的悬崖时，一不小心掉落山谷，情急之下攀抓住崖壁下的树枝，上下不得，祈求佛陀慈悲营救，这时佛陀真的出现了，伸出手过来接他，并说：“好！现在你把攀住树枝的手放下。”但是旅者执迷不松手，他说：“把手一放，势必掉到万丈深渊，粉身碎骨。”

旅者这时反而更抓紧树枝，不肯放下。这样一位执迷不悟的人，佛陀也救不了他。坏心情就是紧抓住某个念头，死死握紧，不肯松手去寻找新的机会，发现新的思考空间，所以陷入愁云惨雾中。

其实，人只要肯换个想法，调整一下态度，或者修改一下作息，就能让自己有新的心境。只要我们肯稍作改变，就能抛开坏心情，迎接新的处境。

有个女人习惯每天愁眉苦脸，一件小小的事情似乎都能引起她的不安、紧张。孩子的成绩不好，会令她一整天忧心，先生几句无心的话会让她黯然神伤。她说："几乎每一件事情，都会在我的心中盘踞很久，造成坏心情，影响生活和工作。"

有一天，她有个重要的会议，但是沮丧的心情却挥之不去，看看镜子里自己的脸庞，竟然无精打采。她就打电话咨询心理专家："该怎么做？我的心情沮丧，我的模样憔悴，没有精神，怎么参加重要的会议？"

心理专家告诉她："把令你沮丧的事放下，洗把脸把无精打采的愁容洗掉，修饰一下仪容以增强自信，想着自己就是得意快乐的人。注意！装成高兴充满自信的样子，你的心情会好起来。很快地你就会谈笑风生，笑容可掬。"她照着去做，当天晚上她在电话中对心理专家说："我成功地参加了这次会议，争取到新的计划和工作。我没想到强装信心，信心真的会来；装着好心情，坏心情自然消失。"

人要懂得改变情绪，才能改变思想和行。思想改变情绪也会跟着改变。

不是蚕就不要作茧自缚

世上最难攻破的是"心理牢笼"，但是每个人都有攻破"心理牢笼"的本能。

有个长发公主的故事，主人公叫雷凡莎，她头上披着很长很长的金发，长得很俊很美。雷凡莎自幼被囚禁在古堡的塔里，和她住在一起的老巫婆天天念叨雷凡莎长得很丑很丑。

一天，一位年轻英俊的王子从塔下经过，被雷凡莎的美貌惊呆了，从此以后，他天天都要到这里来，一饱眼福。雷凡莎从王子的眼睛里认清了自己的美丽，同时也从王子的眼睛里发现了自己的自由和未来。有一天，她终于放下头上长长的金发，让王子攀着长发爬上塔顶，把她从塔里解救了出来。

囚禁雷凡莎的不是别人，正是她自己，那个老巫婆是她心里迷失自我的魔鬼，她听信了魔鬼的话，以为自己长得很丑，不愿见人，就把自己囚禁在塔里。

哲人说得好，不要完全相信你听到的一切，也不要因他人的议论而鄙视自己，否则就会陷入自卑的“心理牢笼”。雷凡莎公主对巫婆的话信以为真，自己常常对自己说：“我长得很丑很丑，快躲起来吧，莫让别人看见我。”这些下意识的暗示，使她陷入了自卑的“心理牢笼”。我们常常发现有些人身上的自卑，除了喜欢拿别人的优点长处与自己的缺点和短处比较外，另一个原因和雷凡莎一样，喜欢听信那些不该听信的话，认不清自己身上蕴藏着的无穷无尽的潜力，久而久之，丧失自信，心绪萎靡，便不知不觉地为自己营造了自卑的“心理牢笼”。

人的心理牢笼千奇百怪，五花八门，但有一点是相同的，那就是所有的“心理牢笼”，都是人自己给自己营造的。就拿自寻烦恼来说吧，有人老是责备自己的过失，有人总是唠叨自己坎坷的往事及受到的不平待遇，有人念念不忘生活和疾病带来的苦恼……时间一长，就不知不觉地把自己囚禁在“心狱”里。自寻烦恼有好多种，其中还有一种是喜欢用自己不懂的事情塞满自己的脑袋，使自己陷入紧张、痛苦之中。原苏联著名作家别洛夫斯基讲过下面的故事。

一位公司职员，一天觉得自己好像生病了，就去图书馆借了本医学手册，看该怎样治自己的病。他一口气读完了该读的内容，然后又继续读下去。当他读完介绍霍乱的内容时，方才明白，自己患霍乱已经几个月了。他被吓住了，呆痴痴地坐了好几分钟。

后来，他很想知道自己还患有什么病，就依次读完了整本医学手册。这下可明白了，除了膝盖积水症外，自己一身什么病都有！

他非常紧张，在屋子里来回踱步。他认为："医学院的学生们，用不着去医院实习了，我这个人就是一个各种病例都齐备的医院，他们只要对我进行诊断治疗，然后就可以得到毕业证书了。"

他迫不及待地想弄清楚自己到底还能活多久！于是，就搞了一次自我诊断：先动手找脉搏，开初连脉搏也没有了！后来才突然发现，一分钟跳一百四十次！接着，又去找自己的心脏，但无论如何也找不到！他感到万分恐惧，最后他认为，心脏总会在它应在的地方，只不过自己没找到罢了……

他往图书馆走时，觉得自己是个幸福的人，而当他走出图书馆时，却被自己营造的"心理牢笼"所监禁，完全变成了一个全身都有病的患者。

他决心去找自己的医生，一进医生家的门，他就说："亲爱的朋友！我不给你讲我有哪些病，只说一下没有什么病，我的命不会长了！我只是没有害膝盖积水症。"

医生给他作了诊断，坐在桌边，在纸上写了些字就递给了他。他顾不上看处方，就塞进口袋，立刻去取药。赶到药店，他匆匆把处方递给药剂师，药剂师看了一眼，就退给他说："这是药店，不是食品店，也不是饭店。"

他很惊奇地望了药剂师一眼，拿回处方一看，原来上面写的是：煎牛排一份，啤酒一瓶，六小时一次。十千米路程，每天早上一次。他照这样做了，一直健康地活到今天。

这位职员幸亏治疗及时，否则一定会被自己营造的"心理牢笼"所囚禁，最后非得上病不可。

现实生活里，有不少人喜欢用自己不懂的事情塞满自己的脑袋，把一些不相干的事与自己联系在一起，造成了心理障碍。殊不知，不懂的事，就是不理解，不理解的东西是自己无法占有的。如果盲目地相信某些毫无根据的感觉，使自己失去理智的判断能力，最后被囚禁的就是自己。

“心狱”不但囚禁了那些自寻烦恼者，还囚禁了不少无休止的懊悔者和自责者，小李就是其中的一个。他从小离家出走，从一个极端走向另一个极端，对父母没有尽到做儿子应尽的孝心。过了40年，到了洞明世事时，他才认清自己的偏激和卑怯行为。这时他的父母早已过世，失去了孝敬的机会，良心遭受到道德无情的谴责，心灵受到自责的拷问，这难以弥补的终生懊悔，常常使他寝食难安，失眠头痛接连发生。这时自己才真正感受到世上没有任何一种惩罚比懊悔和自责更为痛苦的了。幸亏在一次偶然的施舍中才找到冲破“心狱”的途径。一天，他在车站看见一个要饭老人的背影很像自己的父亲，便加快脚步赶上前去。他望着这位老人，爱怜之心油然而生，便把衣袋里仅有的零花钱掏出来，统统给了老人。这时他从老人感激的眼神里仿佛看到了父亲宽恕的笑容。当他走上地下通道时，心情一下子变得好多了。

这小小的施舍，使小李找到了冲出“心理牢笼”的突破口。这个突破口就是一个人想真正地爱自己的生命，那就得学会爱人和爱这个世界。从此，小李学习用爱和感恩来拂拭思想灵魂深处的污垢尘埃，减轻了心灵的苦痛，良心不再受往事的萦怀和谴责，失眠和头痛症也不药而愈。

人的一生充满许多坎坷，许多愧疚，许多迷惘，许多无奈，稍不留神，就会被自己营造的“心狱”监禁。营造“心理牢笼”，既不花钱，也不费力，一瞬间就能制造出来。“心理牢笼”对人的健康危害极大，人的心脏疾病，大多都与“心狱”有关，严重者则会造成精神失常，甚至自杀。有人说，“心理牢笼”是很难攻破的。这话只说对了一半，我们还应该明白，人的“心理牢笼”既然是自己营造的，人自己就有冲出“心理牢笼”的本能。这种本能就是精神意志的力量，有了这种力量，什么样的“心理牢笼”都可以攻破。

你那么怕输，怎么能成功

人都有不服输的心性，这种心性在他人或外在环境因素的刺激下，会焕发出想要成功的斗志。

据说，美国前总统里根，在青年时期，曾经是个地痞式的人物，尽管他聪明机灵，也常常仗义行事，但他常跟一些不务正业的人混在一起，不是酗酒寻事，就是打架斗殴。有一次，他与同伙一起将父亲好友的汽车偷了出去，在加利弗尼亚州兜了一圈，最后开到纽约去赌钱，结果把父亲好友的汽车也输了。他父亲知道此事后，非常恼火，对他骂道：“你简直一无是处！”

“我这么聪明怎么会一无是处？”父亲的这句话深深刺伤了里根的自尊心。从此以后，里根断绝与那些不务正业的朋友们的来往。为了证明自己，里根开始努力学习，并很快便拥有了一份自己的不小的产业，直到后来成为美国最有威望的总统之一。

每个人都有潜能，这些潜能往往连我们自己也未必清楚，但在遇到外来刺激的激发下，就会展现出来。在这样的激发之下，人生格局肯定也要发生变化。

但有的人在受到外来刺激时，比如受伤害和侮辱时，不敢做出正当的反应，而说一些傻话，或是感到羞辱，或是恶语相向，最终以结怨告终。

这样的结果却使人生格局走向了不利的一面，这种负面的反应实在不可取。

现实生活中，也有人借着被别人激发的力量来改变自己的处境，达到自己所追求的目标。

美国黑人富豪约翰逊决定在芝加哥为公司总部兴建一座办公大楼，出入无数家银行，但始终没贷到一笔款。于是他决定先上马后加鞭，设法将自己的200万美元凑集起来，聘请一位承包商，要他放手建造，自己则想方设法筹集所需要的其余500万美元。

建造持续施工所剩的钱仅够再花一个星期的时候，约翰逊和大都会人寿保险公司的一个主管在纽约市一起吃晚饭。约翰逊拿出经常带在身边的一张蓝图准备摊在餐桌上时，保险公司主管对约翰逊说："这儿我们不便谈，明天到我的办公室来。"

第二天，当约翰逊断定大都会公司很有希望给他抵押借款时，他说："好极了，唯一的问题是今天我就需要得到贷款的承诺。"

"你一定在开玩笑，我们从来没有在一天之内给过这样的贷款承诺。"保险公司主管回答。

约翰逊把椅子拉近说："你是这个部门的主管。也许你应该试试看你有无足够的努力把这件事在一天之内办妥。"

主管微笑说："你这是逼我上梁山，不过，还是让我试试看。"

主管试过以后，本来他说办不到的事儿却办到了，约翰逊也在钱花光之前几小时回到芝加哥。

运用激将法，务必找到并击中对方的要害，迫使他就范。就这件事儿说，要害是那位主管对他自己权力的尊严感。

约翰逊在谈话中暗示，他怀疑那位主管果真拥有那么大的努力。主管听了这话，感到自己的权力受到了威胁。那好，我就证明给你看！

生活在社会上的人们，处在各种复杂的矛盾关系中，一个人如何考虑问题完全由自己的是非判断和情感好恶决定的。只要你事先了解了对方的情感好恶和是非标准，只要你知道了应对在社会关系网络中的哪一个点上，你就可以根据社会平均关系，或投其所好，或投其所恶，机动灵活地激发对方产生某种倾向，然后促使他按照这种倾向做出有利于自己的决策。这种办事方法就是世人常用的激将法。这种方法是双向的，一是自己激别人，一是别人激自己，但不管是谁激谁，都会通过激励而获得某些改变。这种方法运用得好，可以很快改变我们的现状。

找回坚定的自信

在人生的大舞台上，每个人都是自己岗位的主角。

莫小米先生讲了这样一个故事，很耐人寻味。

有位同事特别管不好自己的钥匙，不是丢了，就是忘了带。要不就是反锁进门里边。他的301办公室就他一人，老是撬门也不是个办法，配钥匙时他便多配了一把，放在302办公室。这下无忧无虑了好些时日。有一天他又没带钥匙，恰好302室的人都出去办事了，又吃了闭门羹，于是他在303也放了钥匙，多多益善。最后就变成这样，有时候，他的办公室，所有的人都进得去，只有他进不去。

上面的故事说明了一个问题，在现实生活中放弃自己的权利，让别人的意志来决定自己生活的人实在不少。失去了自我，也就失去了自我追求和信仰，也就失去了自由，那自卑就会随时来压迫你，迫使你归入生活的阴暗里面去，最后变成一个毫无价值的人。要知道，人生最大的损失莫过于失掉自信。

一位画家把自己的一幅佳作送到画廊里展出，他别出心裁地放了一支笔，并附言："观赏者如果认为这画有欠佳之处，请在画上做记号。"结果画面上标满了记号，几乎没有一处不被指责。过了几日，这位画家又画了一张同样的画拿去展出，不过这次附言与上次不同，他请每位观赏者将他们最为欣赏的妙笔都标上记号。当他再取回画时，看到画面又被涂满了记号，原先被指责的地方，却都换上了赞美的标记。

这位画家不受他人的操纵，充满了自信。正像林润翰先生所言，他"自信而不自满，善听意见却不被其所左右，执着却不偏执"。

上面两个故事里的主人公，前者过高地估计他人而过低地估计自己，遇事认识不到自己拥有无限的能力和可能性。越是这样，越觉得自己不行；觉得自己不行，就必然要依赖他人，受他人的操纵。这样，每失败一次，自信心就会磨灭一次，久而久之，一切就会按照别人的意见行事，一切就会操纵在别人手里，可悲的事就会接踵而来。后者因为用正确的观点评价别人和看待自己，所以在任何情况下，都不会迷失自己，都会有完全的自信，永不会受他人操纵。所以遇事要用正确的思维方式，不要完全相信你听到的，看到的一切，也不要因为他人的批评、鄙视而轻视自己，摒除自卑感产生的压力，找回坚定的自信。

爱迪生曾经试用过1200种不同的材料做白炽灯泡的灯丝，都没有成功，有人批评他："你已经失败了1200次了。"可是爱迪生不这么认为，他充满自信地说："我的成功就在于发现了1200种材料不适合做灯丝。"

如果我们遇事都能和爱迪生这样想，采用这种积极的思维方式，就不会有烦恼和自卑感。人的自卑感的存在和产生，并不是由于自己的能力或知识不如人，而是由于自己有不如人的心态和感觉。原本一些不一样的东西，是不能比较的，越比较，就越会产生自卑。这些简单、明显的道理，只要你相信它，接受它，遇事你才能掌握正确的思维方式，才能有自己独到的见解，这样，想要干一番事业才能成功，如若不然，事业就无从谈起了。

摒弃自卑，找回自信，我们才能在追求中完善自己。

你的性格怎样人生就怎样

一个人要想改变自己的世界，就得先改变自己的不良性格。

一天，一个牧师正在准备讲道的稿子，他的小儿子却在一边吵闹不休。牧师无奈，便随手拾起一本旧杂志，把夹在里面的一幅世界地图，扯成碎片，丢在地上，说道："小约翰，如果你能拼好这张地图，我就奖励你。"

牧师以为这样会使小约翰花费上午的大部分时间，不会再来影响他的工作。但是没过10分钟，儿子就来敲他的房门。牧师看到小约翰手里拿着拼好的地图，感到十分惊奇："孩子，你是怎么拼好的?"

小约翰说："这很容易，在另一面有一个人的照片，我就把这个人的照片拼到一起，然后把它翻过来。我想如果这个人是正确的，那么，这个世界也就是正确的。"牧师给儿子奖励了2角5分钱，满意地说："你替我准备了明天讲道的题目：如果一个人是正确的，他的世界也就会是正确的。"

这个小故事道出了人生的一个真谛。所谓一个人的正确，除了正确的人生观和世界观，还包括一个人的良好性格。如果你的性格是健康的，你的人生也会是快乐的、幸福的；如果你的性格是病态的，那么你的人生也会是痛苦的、忧伤的。如果你想改变你的世界，创造你的辉煌，就必须改变你不良的性格。

人生的悲剧归根到底是性格的悲剧。《三国演义》里的关羽，过五关，斩六将，英勇无敌，但因性格刚愎自用，终于败走麦城而死。俄国作家果戈理的长篇小说《死魂灵》里的泼留希金，他的家财堆积得腐烂发霉，可是贪婪、吝啬的性格促使他每天上街拾破烂，过乞丐般的生活。在现实生活里，性格的悲剧更是屡见不鲜。青年诗人顾城制造的惨绝人寰的悲剧，就是一个典型的例子。他杀妻灭子后自戕其身，就是因性格孤僻，心地狭窄，而最后发展到畸变、扭曲、精神崩溃。

性格与人的健康关系十分密切。《红楼梦》里才貌双全的林黛玉，就是因其性格多愁善感，忧郁猜疑，终于积郁成疾，呕血而死。《三国演义》里的周瑜是东吴的大都督，人们说他是活活被诸葛亮给气死的。话说回来，如果身经百战的周瑜具有良好的性格，诸葛亮就是有天大的本事也气不死他。现代医学证实，那些抑郁症和精神分裂症患者，大多是性格孤僻，不适应社会生活所致；有些高血压、心脏病患者也与性格暴躁，易于动怒有关。

不良的性格会给人带来悲剧，那么良好的性格必然能给人带来人生的辉煌。

当代杰出的女作家冰心，一生淡泊名利，生活上崇尚简朴，不奢求过高的物质享受。文坛上无谓的斗争，也与她无关，她在平和的环境中与人相处，在微笑中勤奋写作。她的健康长寿，事业辉煌都得益于开朗、豁达的性格。苏格拉底是一位具有良好性格的伟大哲人，他的妻子心胸狭窄，整天唠叨不休，动辄破口骂人。一次，她大发雷霆后，又向苏格拉底头上泼了一盆冷水，苏格拉底满不在乎地说："雷鸣之后，免不了一场大雨。"试想，要是遇上别人，不被这位恶妇气死，也会患上精神分裂症。苏格拉底为什么要娶这样的恶婆？据说，他是为了净化自己的精神，磨炼自己豁达大度的性格。

人的性格很难改变，但易受后天环境的影响。

居里夫人说："我并非生来就是一个性情温和的人。许多像我一样敏感的人，甚至受了一言半语的呵责，也会过分的懊恼。"她说，她受丈夫居里温和性格的影响，也学会了逆来顺受。她确信，一个具有良好性格的丈夫会在不知不觉中影响和提高妻子的心灵品性。据居里夫人自己介绍，她还从日常种种琐事，如栽花、种树、建筑、朗诵诗歌、眺望星辰中，培养出一种沉静的性格。

我国赫赫有名的民族英雄林则徐为了改掉自己急躁的性格，容易发怒的脾气，曾在书房醒目处挂起自己亲笔书写的"制怒"的横匾，以此自警自戒，陶冶自己的情操。最受美国人尊敬的班杰明·富兰克林不仅对美国的独立战争和科学发明有过重大的贡献，还因为他有很强的自我意识能力和良好的性格，给后人树立了光辉的榜样。有人曾批评富兰克林主观骄傲，他认真反思后，给自己立下了一条规矩：决不正面反对别人的意见，也不准自己武断行事。他还给自己提出了具体改正的要求。他说："今后我不准许自己在文字或语言上措辞太肯定，我不说'当然''无'等，而改用'我想''我假设'或'我想象'。当别人陈述一件我不以为然的事时，我决不立刻驳斥他，或立即指正他的错误，我听完陈述后会在回答的时候说，'你的意见没有错，但在目前情况下，还需要再斟酌。'"富兰克林就是用这种方法克服自己性格中的缺陷，这也正是他成功的一个秘诀。

健康的人生，需要有健康的性格。人生的许多不如意，许多疾患都与性格息息相关。人虽然不能控制先天的遗传因素，但有能力掌握和改变自己的性格。因为人可以自己拯救自己，自己塑造自己，自己驾驭自己。

不痛快就这样发泄出来

或许我们都曾有过下面的经历：经常莫名地紧张、害怕、心慌、发抖、头晕，有时脑子里一片空白，觉得自己活得很累，常常想到死。其实，这就是非常严重的抑郁状态。

那么怎样排解这种焦虑、压抑呢?

（1）可以向心理医生或自己信任的亲朋好友倾诉内心的痛苦，也可以用写日记、写信的方式宣泄，或选择适当的场合痛哭、喊叫。

（2）焦虑是人面临应激状态下的一种正常反应，要以平常心对待，顺应自然、接纳自己、接纳现实，在烦恼和痛苦中寻求战胜自我的理念。

（3）在心理医师的指导下训练，可以做自我放松训练。

（4）无论学习还是工作，没有目标就会茫然不知所措。目标确立要适度，根据人生不同发展阶段确立目标。

（5）回忆或讲述自己最成功的事，可以引起愉快情绪，善于忘掉不愉快的事，消除紧张、压抑心理。

（6）积极参加文体活动。研究表明，音乐能影响人的情绪、行为和生理功能，不同节奏的音乐能使人放松，具有镇静、镇痛作用。

（7）多参加集体活动，如郊游、植树、讲座、大学生社团等。在集体活动中发挥自己的专长优势，增加人际交往。和谐的人际关系会使人获得更多的心理支持，缓解紧张、焦虑情绪。学会宣泄焦虑、压抑，我们的心理才会变得轻松。

（8）保持幽默感。我们每个人都应活得轻松些，尤其当自己身处逆境时，要学会超脱，所谓“来日方长”，要看到生活好的一面，无忧无虑，自得轻松。

（9）对人礼貌。如果您对别人施之以礼，别人也会对你以礼相待，也就是说“将心比心”，会有助于缓冲您的精神紧张。有时，一声“谢谢”，一个微笑或一次过路礼让，都能使您感到受欢迎。记住，别人对待您的态度在一定程度上反映了您的自我形象。

（10）要自信。这里所说的自信不是狂妄自大，也不是自以为是，而是要学会自我控制。有段话是这样说的：“如果我不靠自己，我又靠谁呢？如果我只想着自己，我又算个什么人呢？如果我现在不想，又待何时？”如果只指望他人把事情办好，或坐等他人把事办好，就可能使您处于被动地位，也可能成为环境的牺牲品。因此，办任何事情，首先要相信自己，依靠自己，不要将希望寄托于别人，否则将坐失良机，产生懊丧心理，加重精神紧张。

（11）当机立断。死守着一个毫无希望的目标，不论对您自己，还是对您周围的人，都会增加心理压力和精神紧张。一个聪明人一旦打算完成某项任务时，就应马上做出决断并付诸行动。当他发现已做的决定是错误的，就应立即另谋办法。优柔寡断，会加重精神负担。

（12）学会处世的道理。我们都是同样的人，别人碰上的事情您有一天也可能会碰上。生活的道路不会总是平坦的。与周围的人建立友谊，可以增加来自外界的支持和帮助，从而减轻精神紧张。不要害怕扩大您的社会影响，这样有助于您寻找应付紧急事件的新渠道。

（13）努力改进人际关系。建立良好的人际关系，以帮助您事业成功，减少挫折，这对于保持良好的竞技状态十分重要。我们不需要那种只会教训人：“给我听着，你该怎样做”的朋友，我们生活中所需的是鼓励我们进行创造性思维，以及能够支持我们走向成功之路的朋友。主动虚心听取别人意见，善于安排时间，是改进人际关系的重要方法之一。

（14）宣泄、抒发。经常处于精神紧张状态，累加起来，可能会吞噬掉我们健康的机体。我们需要对人诉说自己的感受，哪怕这样做改变不了多少事情。向谁诉说，取决于想要说的内容，必须选择合适的诉说对象。记住，绝对不要将不愉快的事情隐藏在自己的心里。

（15）以仁待人。当别人身处困境时应乐于助人。在这种时刻，他们最需要您去倾听他们的诉说，需要您给予帮助。俗话说，善有善报，如果您有朝一日也出现某种危机之时，如果对方是一位真诚的朋友，他也会来帮助您的。

（16）不传闲话。传闲话会招来仇恨和互相猜忌，也容易使您失去朋友。当您向某人传闲话时，他也会猜想您是否也会说过他的闲话。生活中有的是问题，够您去忙的，犯不着背个“小广播”的名声去费唇舌，给自己添麻烦。

（17）灵活一些。我们要完成一件工作，可能有许多方法，您自己的那种方法不一定是最好的，或者虽然是最好的方法，但不一定行得通。如果您总认为事事都必须按您的想法去做，那么当事情不按您的想法发展时，您就会烦恼生气。其实您的目标只应是把事情办成，至于方法，不必拘于某一种。

（18）衣着整洁。衣服穿的整洁与否，它象征您是否尊重别人，当然也象征着您自尊自重。衣着不仅在显示您是男性还是女性，还能为您的自身价值和重要性提供一种保证。

在繁忙的工作之余，我们应学会调剂自己的情绪，让自己心情愉快地工作。

生活很平常，心态也要平常

人生在世，烦恼不会永远离开我们，但我们也不要忘记，生命中有死亡的悲痛，是因为它同时有生的喜悦；有衰老的无奈，是因为它同时有青春的飞扬。

奥斯卡是麻省理工学院的毕业生，他已经把几种旧式的探矿仪器，结合改造为勘探石油的新式仪器。1929 年，他为一个石油公司勘探石油，在气温高达 43℃的西部沙漠地区干了好几个月。这么干下去，他会大有发展。可是，事与愿违，有一天他突然得知，自己所在的公司因无力偿还债务而破产了。他失业了，只好踏上归途。

一路上，他越想越感到倒霉透顶，情绪很坏，看什么都不顺眼。在俄克拉荷马城的火车站，因为离发车时间还有几个小时，他便在站台上把随身带的探测仪器架设起来。这时，仪器上的读数表明车站下面蕴藏有储量极大的石油。但奥斯卡的情绪实在太懊丧了，他甚至认为：人倒霉了，连仪器也反常了。

然而，不久之后人们发现俄克拉荷马这座城市就浮在石油上，完全可以开采，而它的最先发现者奥斯卡却放弃了这一巨大发现。因为烦恼和懊丧，奥斯卡失去了一个唾手可得的成功机会，甚至对自己精心研制的仪器也失去信心，更没有去进一步思考仪器“反常”的原因，并最终与幸运之神擦肩而过。

人们之所以烦恼懊丧，是因为人们的心未安。我们看见窗外一个动人的身影、听到一首迷人的曲调，便急不可待地奔出家门，去追踪飘荡在十字街头上种种变幻不息的光和影，直到我们的心断裂成碎片。

有一位年轻人去找心理学教授，他对大学毕业之后何去何从感到彷徨。他向教授倾诉诸多的烦恼：没有考上研究生，不知道自己未来的发展；女朋友将去一个人才云集的大公司，很可能会移情别恋……

教授让他把烦恼一个个写在纸上，然后判断其是否真实，一并将结果也记在旁边。经过实际分析，年轻人发现其实自己的真正困扰很少，他看看自己那张困扰记录，不禁说：“无病呻吟！”教授注视着这一切，微微对他点头。于是，教授对他说：“你曾看过章鱼吧?”年轻人茫然地点点头。

“有一只章鱼，在大海中，本来可以自由自在地游动，寻找食物，欣赏海底世界的景致，享受生命的丰富情趣。但它却找了个珊瑚礁，然后动弹不得，呐喊着说自己陷入了绝境，你觉得如何?”教授用故事的方式引导他思考。他沉默了一会说：

“您是说我像那只章鱼?”年轻人自己接着说，“真的很像。”于是，教授提醒他：“当你陷入烦恼的习惯性反应时，记住你就好比那只章鱼，要松开你的八只手，用它们自由游动。系住章鱼的是它自己的手臂，而不是珊瑚礁的枝丫。”

人心很容易被种种烦恼和物欲所捆绑。但都是自己把自己关进去的，是自投罗网的结果，就像章鱼，作茧自缚。

有人信奉生活就是享受，“尽情享受”才叫生活；有人以为，生活就是奔忙，“忙着挣钱”才叫生活；有人迷惘，生活就像一场戏，各种角色粉墨登场，让人眼花缭乱、真假难辨；有人抱怨，生活就像是破旧的“板车”，拉着它爬坡把人累得身心交瘁、倒不过手也透不过气，真好比京剧中的那声叫板：“苦哇……”

学会生活，说起来简单，做好却不容易。

人常说，生活是一门学问。而对这门“学问”的理解，则见仁见智，各有不同。

西方有位作家写了一本书，叫《生活的艺术》，但也并没有阐明什么叫生活。

婴儿怎样表示感谢？他只要大口地享受乳汁，愉快地将小头贴在温暖的被褥上欣悦地睡着，便能给其父母极大的满足。

而当一个成年人早晨起床后，大口呼吸着新鲜空气；深夜赶路的时候，偶然抬眼，虔诚地为每颗星加一个惊叹号，当他坐下沉思——我正在认真地享有这一切——他便已在不知不觉中达到了一体天心的境界。

有位作家曾说过：“一周之内有两天是绝不会使我烦恼的，对于这两天，我丝毫也不会为之担忧和烦恼。这就是昨天和明天。我会极力去抛开这两天。”稍作思量，我们就会明白作家是在暗示每天都不应烦恼，昨天有太多的失落，明天则有太多的阻滞。境由心生，以愁肠百结的心态看任何东西都只会是晦暗一片；一颗自信快乐的心则每搏动一下都是一个良好的开端，成功的开始。

对于平常的无端蔑视和漫不经，心也许是我们最经常、最易犯而又最不可宽恕的错误之一。然而，竟有那样多的人对平常是那样地不屑一顾甚至不屑一提，尽管他们几乎一生都是在平平常常中度过。而久违的朋友相见问候时竟还有人大手一挥：过得很平常！便一语带过了，殊不知那么多生命情趣也随之一挥而去了。

仔细一想，实在有些不可思议。

的确，较之于那些叱咤风云的伟人，惊天动地的业绩，平常之人的平常之事，就未免显得平淡无奇了。但是，平常毕竟是生命的主体，也是生活的主体。对绝大多数人而言，终生作为平常之人，拥有平淡无奇的生命；就绝大多数职业来说，永远只为平常之事，拥有平淡无奇的记录。即使是灿烂多彩的社会生活，那种波澜壮阔的英雄之势，惊天动魄的历史事件，毕竟也只在很少的时候出现。在绝大多数的时候，社会的脚步也只是悄无声息地移动，犹如一条平淡无奇的河流。所以，对于生命主体和生活主体的蔑视甚至否定，实质上就是对生命和生活本身的蔑视和否定，而蔑视和否定生命和生活的本身，就只会陷入一种无所作为的“怪圈”，使生命的意义和生活的情趣荡然无存，应该说，这确是我们生命的一大误区和一道凋残的败景。

既然平常是生命和生活的主体，珍惜平常对我们来说就显得格外重要。当我们以一种极为珍惜的感情，去平平常常地生活时，难免会意外地发现：平淡无奇的深处也蛰伏着惊人的美丽，那披着灿烂云霞的黎明；那熙熙攘攘的自行车流；那提篮买菜听到的大声吆喝；那厨房的锅碗盆瓢的交响；那羽毛洁白的流云，那流云般灿烂的花朵；那花朵般迷人的少女，无不令人怦然心动；至于人与人之间在平常中的无数交流，默契理解，如真诚的问候，陌生的微笑，困难时的微薄相助，胜利时的欢乐共振，也无不令你感泣陶醉。平常之所以值得珍惜，既是因为它存在于现实之间，每个人都毫无例外地拥有，又是因为它深潜着理想基因，并非每个人都能发掘。而且一旦失去之后，它就会显示出惊人的价值和增值的能力。

一位国外知名作家在失去自由隐居一年之后，有人问他最想念什么，他深有感触地回答："我想念的是平常的生活。在街上散步，到书店里从容浏览书籍，到杂货店里买东西，到电影院去看一场电影……我想念的只是这些平常的小事情，你有这些事情可做时，认为一点不重要，当你不能做的时候，才知道那是生命中的要素，是真正的生命。取消这些事情，是最大的剥夺。"这段表白，真是再朴素不过地阐述了平常的价值。

再进一步说，就是那些叱咤风云的伟人，他们的不平常也是寓于大量的平常之中的。伟人的神秘感是千百万人用想象创造出来的。伟人在做出改变历史的决定时显示出非凡的智慧和勇气，但他们的大量日常生活，依然是和千百万人一样，在默默之中度过。周恩来吃完饭后，居然会用汤泡着饭钵将黏着的饭粒吃得干干净净；毛泽东在生前最后一个除夕看一部普通的电影《难忘的战斗》，居然会感泣得像个泪人。这些平常之事到了伟人们身上就变得那么光彩四溢，恰恰说明了平常之事鲜为人知的深层价值。这种价值，在我们去做时也同样存在，不过我们因司空见惯而不去发掘或是不屑于发掘罢了。

珍惜平常绝不意味着安于现状。人类的伟大在于其永不休止的渴望和追求，历史的递嬗在于千百万创造历史的人们永无休止的劳作。生命是一个过程，而生活是一条小舟。当我们驾着生活的小舟在生命这条河中款款漂流时，我们的生命乐趣，既来自于与惊涛骇浪的奋勇搏击，也来自于对细水微澜的默默寻思，既来自于对伟岸高山的深深敬仰，也来自于对草地低谷的切切爱怜。所以我们平常的生命平常的生活一经升华，就会变得不那么平常起来。因为，生命和生活是美丽的，这种美丽，恰恰蛰伏于最容易被我们忽略的平平常常之中。

没有把平常日子过好的人，不会品味到人生的幸福，没有珍惜平常的人，不会创造出惊天动地的伟业，因为平常包容着一切，孕育着一切，一切都蕴含在平常之中。

第七章

心情不好，是因为你的心态不好

把情绪的“转换器”握在自己手里

在荷兰阿姆斯特丹，有一座15世纪的寺院，寺院的废墟里有一个石碑，石碑上刻着：“既已成为事实，只能如此”。

天有不测风云，人有旦夕祸福。人活在世谁都难免要遇上几次灾难或一些难以改变的事情。世上有些事是可以抗拒的，有些事是无法抗拒的，如亲人亡故和各种自然灾害，既已成为事实，你只能接受它、适应它。否则忧闷、悲伤、焦虑、失眠会接踵而来，最后的结局是，你不能改变这些无法抗拒的事实，而是让无法抗拒的事实改变了你。

有一位马老太太，她有一只祖传三代的玉镯子，每天擦了又擦，看了又看，真是爱不释手。一天不小心掉在地上摔碎了，老太太心痛万分，从此茶饭不思，人变得越来越憔悴。时隔一年，她离开了人世。最后咽气时，手里还紧紧攥着那只破碎的玉镯子。

巴甫洛夫说：“一切顽固沉重的忧悒和焦虑，足以给各种疾病大开方便之门。”许多名医的医疗实验证明癫狂症、胃肠疾病、高血压症、冠心病及乳腺癌等，都与人的情绪有着直接的关系，有的则完全是由于强烈的情绪波动所引起的。马老太太的死与她忧悒的情绪有关。

覆水难收，徒悔无益。据说一位很有名气的心理学教师，一天给学生上课时拿出一只十分精美的咖啡杯，当学生们正在赞美这只杯子的独特造型时，教师故意装出失手的样子，咖啡杯掉在水泥地上成了碎片，这时学生中不断有人发出了惋惜声。教师指着咖啡杯的碎片说：“你们一定对这只杯子感到惋惜，可是这种惋惜也无法使咖啡杯再恢复原形。如果今后在你们的生活中发生了无可挽回的事时，请记住这破碎的咖啡杯。”

这是一堂很成功的素质教育课，学生们通过摔碎的咖啡杯懂得了，人在无法改变失败和不幸的厄运时，要学会接受它，适应它。

被称为世界剧坛女王的拉莎·贝纳尔，就是上述这位心理学教师的得意学生。一次她在横渡大西洋途中，突遇风暴，不幸在甲板上滚落，足部受了重伤。当她被推进手术室，面临锯腿的厄运时，突然念起自己所演过的一段台词。记者们以为她是为了缓和一下自己的紧张情绪，可她说：“不是的！是为了给医生和护士们打气。你瞧，他们不是太正儿八经的了吗？”

威廉·詹姆斯说：“完全接受已经发生的事，这是克服不幸的第一步。”接受无法抗拒的事实，既然是第一步，那么有没有第二步？有。拉莎手术圆满成功后，她虽然不能再演戏了，但她还能讲演。她的讲演，使她的戏迷再次为她而鼓掌。

拉莎·贝纳尔在面对无法抗拒的灾难时，能跳出焦虑、悲伤的圈子又跨上一个新的里程，这就是他们的情绪“转换器”在起作用。

任何人遇上灾难，情绪都会受到影响，这时一定要操纵好情绪的转换器。面对无法改变的不幸或无能为力的事，就抬起头来，对天大喊：“这没有什么了不起，它不可能打败我。”或者耸耸肩，默默地告诉自己：“忘掉它吧，这一切都会过去！”

紧接着就要往头脑里补充新东西，因为头脑每时每刻都需要东西补充，这种补充能使情绪“转换器”发生积极作用。最好的办法是用繁忙的工作去补充，去转换，也可以通过参加有兴趣的活动去补充，去转换。如果这时有新的思想，新的意识突发出来，那就是最佳的补充和最佳的转换。

物理学家普朗克，在研究量子理论的时候，妻子去世，两个女儿先后死于难产，儿子又不幸死于战争。普朗克不愿在怨悔中度过，便用加倍努力工作来转移自己内心巨大的悲痛。情绪的转换不但使他减少了痛苦，还促使他发现了基本量子，获得了诺贝尔物理学奖。所以，控制好自己的情绪，才能解救自己。

既然生气了，就不要藏着掖着

生活当中，人们有时对一些不公平的事表示愤怒。然而大怒之下，往往会导致身心受损。难解的怒气在胸，就会有种不明的压力，使得你情绪不稳，心神不安，整天恍恍惚惚。在这种精神状态下，不仅工作、学习效率大大降低，还有可能出现差错和事故。

小李一次因家务事，与丈夫发生争吵，由于语言过激，两人互相打斗起来。小李一怒之下，背过气去，丈夫见此状急忙收手，马上惊呼救人。小李在众人一阵手忙脚乱的掐人中、撸胸口、捶后背的救治下，总算缓过这口气来。可是她落下了终身都无法治愈的毛病，手脚抖动，给自身及家庭生活造成了意想不到的危害和不便，以至后悔莫及。

俗话说：气大伤身后悔迟，像小李这样无节制地动怒，给自己招来无妄之灾，岂不晚矣。

现代医学认为，人在发怒时，体内的肾上腺素含量显著增高，交感活动性物质增加，诱发肾素——血管紧张素增加，促使小动脉收缩痉挛，致使血压升高。同时，发怒时会使人体内甲肾上腺含量增高，会导致心跳加快，耗氧量增加，冠状动脉痉挛，心肌缺血，心绞痛，心律失常等。愤怒还可以使人的食欲降低，消化不良，出现消化系统功能紊乱。

发怒既对身心有害，那么是不是一定要把怒火压在心底呢？当然不是。

发怒固然有损健康，但怒而不泄同样对健康无益。英国一位权威心理学家认为，积贮在心中的怒气就像一种势能，若不及时加以释放，就会像定时炸弹一样爆发，可能会酿成大难。正确的态度是疏泄怒气，适度释放，可将心中的不满坦率地讲出来，找知己好友无所顾忌地倾诉；写信、写日记，使怒气在字里行间得到排解。

还可到室外打球、跑步、爬山、呼吸新鲜空气，让怒气与汗水一起流淌出来；亦可通过情绪转移的方式，或埋头工作，或欣赏音乐、戏曲，以求得心理平衡。

学会排解愤怒，也是道德修养的表现。养身贵在戒怒，戒怒就是养怡身心，尽量做到不生气、少生气，思想开朗，心胸开阔，宽宏大量，宽厚待人，谦虚处世。

这样不仅有益身心健康，也利提高自己的道德修养和思想水平，于人于己都会有益而无害。

容易动怒的人们，光知道如何排解怒气还是不行的，最主要的是如何让自己制怒，学会让自己尽量不发脾气，不轻易动怒，才是上策。这就要有一颗包容的心，事事宽解为怀。

宽容是一种修养，也是一种风度。以海纳百川的胸怀宽以待人，才能让自己心态平和，心胸开阔，心里永远充满着阳光。

该知道如何对待自己易怒的情绪了吧！遇事冷静是根本。遇到不随意的事，尽量通过别的途径去解决，动怒不光于事无补，反而对己有害，何苦呢？

还是让我们以平和的心境来对待生活中繁杂的事情吧！小心别伤害了自己，只有健康才是生活的本钱。有了无法避免的怒气，学着适度的释放它，不要自我封闭。要学会适度宣泄，宣泄是一种排解负性情绪的有效方法。找朋友倾诉或是干脆痛快地哭一场。男人也可以哭，流泪不丢人。我们应宽解自己，少发脾气，快乐地过好每一天。

有时为缓和四处蔓延的紧张气氛，我们首先应该降低生活步调，使心情恢复平静，不再焦虑暴躁，保持稳定与和谐。

曾经有位医生在替一位企业家进行诊疗时，劝他多多休息。

这位病人愤怒地抗议说："我每天承担巨大的工作量，没有一个人可以分担一丁点的业务。大夫，您知道吗？我每天都得提一个沉重的手提包回家，里面装的是满满的文件呀！"

"为什么晚上还要批那么多文件呢。"医生讶异地问道。

"那些都是必须处理的急件。"病人不耐烦地回答。

"难道没有人可以帮你的忙吗？助手呢？"医生问。

"不行呀！只有我才能正确地批示呀！而且我还必须尽快处理完，要不然公司怎么办呢？"

"这样吧！现在我开一个处方给你，你能否照着做呢？"医生有所决定地说道。

这病人听完医生的话，读了读处方的规定——每天散步两小时；每星期空出半天的时间到墓地一趟。

病人怪异地问道："为什么要在墓地待上半天呢？"

"因为……"医生不慌不忙地回答："我是希望你四处走一走，瞧一瞧那些与世长辞的人的墓碑。你仔细思考一下，他们生前也与你一样，认为全世界的事都得扛在双肩，如今他们全都永眠于黄土之中，也许将来有一天你也会加入他们的行列，然而整个地球的活动还是永恒不断地进行着，而其他世人则仍是如你一般继续工作。我建议你站在墓碑前好好地想一想这些摆在眼前的事实。医生这番苦口婆心地劝谏终于敲醒了病人的心灵，他依照医生的指示，释缓生活的步调，并且转移一部分职责。他知道生命的真义不在急躁或焦虑，他的心已经得到和平，也可以说他比以前活得更好，当然事业也蒸蒸日上。

释放生活的步调还要克服好操心的赞美。好操心不是一件好事，因为它能使我们心绪不宁，要克服好操心，可用以下方式：

(1) 告诉自己，"操心是非常不好的习惯，凭着信仰的帮助，任何习惯我都能改变"。

(2) 你因为常操心而变成好操心的人，若能相反地培养更强而有力的信仰习惯，就可以免除操心。以你的一切力量和耐性开始信仰吧！

（3）对于过去那些你会消极地谈论的事情，今后请开始以积极的态度去谈论，不论任何事都说得积极些吧！例如，不可说“今天将成为可怕的一日”，而应断言“今天将是辉煌的一日”；不要说“我不会去做那件事”，要断然地表示“我要去做那件事！”

（4）绝不可参加闷闷不乐的谈话，同时自己的言谈必须表现乐观，若以悲观的态度说话，将会使周遭的人都感染好操心的个性，所以要尽量谈些令人振奋的话题，改变压迫性的气氛，而使每个人都感觉到希望和幸福的存在。

（5）多与充满希望的人交朋友，特别是那些积极的、有信仰的及对创造性气氛有贡献的朋友，让他们围绕在你的四周。他们将会以积极的心态来鼓励你。

（6）需了解自己能够帮助很多人治疗他们好操心的毛病。帮助别人克服好操心，则你本身的心理就能获得更大的力量。

爱抱怨的人一定不会快乐

我们常常会看到这样一些人，他们总是对自己所处的环境不满意，由此而产生了一系列苦恼。比如，一个学生没有考上理想的学校，心里觉得十分自卑，天天想着，自己比不上别人。于是烦得要命，书也念不下。这样一天天心不在焉地混，成绩越来越坏，几乎要留级了，心里又加上一份紧张，这紧张再加上以前的烦恼，使他更加懊恼不安。

同样地，也有人对自己目前的工作不满意。认为职位低，赚钱少，比不上别人。心里又是自卑，又是消沉。天天懒洋洋的，做什么也打不起精神来。于是工作常常出错，上司也不喜欢他，同事也觉得他没出息。这样，他就越来越孤独，越来越被单位排挤，越来越远离快乐和成功。

其实，旁观者清。一个人对自己目前的环境不满意，唯一的办法就是让自己战胜这个环境。比如行路。当你不得不走过一段险阻狭窄的路段时，唯一的办法就是打起精神，克服困难，战胜险阻，把这段路走过去，而绝不是停在途中抱怨，或索性坐在那里打盹，去听天由命。

所以，置身不如意环境的人们，不但不应消沉停顿，反而要拿出加倍积极乐观的精神来面对目前的环境，使时光不至白白浪费。

在不理想学校读书的学生，你与其厌烦这所学校，懒得用功，怕见以前的同学，不如喜欢这学校，努力进取，把自己以前所荒疏了的充实起来，你在这个学校一样可以有好成绩。或因功课学得好，再找机会考进好的学校。

那些对眼前工作不满意的人也是一样，每一位领导或主管都喜欢提拔那些肯埋头努力、认真工作的人。假如你工作认真，升迁的机会就可能会轮到你，除非没有机会。假使你自以为大材小用，一肚子委屈牢骚，成天懒懒散散，对工作敷衍了事，那么即使有了机会，也不会轮到你头上。

奉劝置身不如意环境中的朋友，停止抱怨，开始面对现实，把握机会充实自己。一个肯努力上进的人，在任何环境里都用不着自卑。换句话说，一个不肯积极进取、浪费光阴的人，本身就是一种耻辱，别人不会因为你环境不顺而就原谅你的。

不要对自己目前的东西抱怨或不满。它们可能是贫乏的、不好的，但既然没有办法可以弄到更好的，你就只好迁就你既有的一切，从中去发现出路和希望。不重视现在，就不会有可以期待的未来。

心里什么也装不下，心情怎么能好

弗朗西斯·培根说过：“犹如毁掉麦子一样，嫉妒这恶魔总是在暗地里，悄悄地毁掉人间美好的东西!”

何谓嫉妒呢？心理学家认为，嫉妒是由于别人胜过自己而引起情绪的负性体验，是心胸狭窄的共同心理。黑格尔说：“嫉妒乃平庸的情调对于卓越才能的反感。”

嫉妒不是天生的，而是后天获得的，嫉妒有三个心理活动阶段：嫉羡—嫉优—嫉恨。这三个阶段都有嫉妒的成分，而且是从少到多，嫉羡中羡慕为主，嫉妒为辅。嫉优中嫉妒的成分增多，已经到了怕别人威胁自己的地步了。嫉恨则嫉妒之火已熊熊燃烧到了难以消除的地步。这把嫉恨之火，没有燃向别人，而是炙烤着自己的心，使自己没有片刻宁静，于是便绞尽脑汁去想方设法诋毁别人，这就使他形神两亏了。嫉妒实质上是用别人的成绩进行自我折磨，别人并不因此有何逊色，自己却因此痛苦不堪，有的甚至采用极端行为走向犯罪深渊。据某公安部门调查，每年因嫉妒造成犯罪的案件占整个刑事案件的 10%。近年来在一些高等学府里，因嫉妒而投毒、写匿名信的已屡见报道。

嫉妒心理是一种低级趣味，是人性中残存的动物性，许多动物的本性是十分嫉妒的，一只狼可以把抢猎物的同类咬死。在私有制的社会里，人们弱肉强食，尔虞我诈，使人保留动物式的嫉妒心理，所谓“木秀于林，风必摧之”。《三国演义》中的周瑜临死时对天长叹：“既生瑜，何生亮”，就是有我没你的嫉妒加仇恨。

一些人之所以嫉妒别人，一个重要的原因是自己不求上进，又怕别人超过自己，似乎别人成功了就意味着自己失败，最好大家都成矮子才显出自己高大。于是，“事修而谤兴，德高而毁来”“怠者不能修，而忌者畏人修”“我不学好，你也别学好，我当穷光蛋，你也得喝凉水”。这是一种十分有害的腐蚀剂，这些人的骨子里充满了“怠”与“忌”，无论对己、对社会、对国家的发展都是十分有害的，正如荀子所说：“士有妒友，则贤交不亲；君有妒臣，则贤人不至”。一个被嫉妒心支配的人，一定是胸无大志，目光短浅，不求上进的人；一个嫉妒成风的单位，一定是正气不旺，邪气盛行，先进不香，落后不臭。

嫉妒是腐蚀剂，是落后药，是剧毒品。

有嫉妒心的人如果不猛醒，前途不会美妙。如果想调适自我，把嫉妒变成竞争的动力，首先要把注意力调节到自身的优势和对方的劣势上。当你嫉妒别人时，总是因为他在某些方面的优势深深地刺激了你，而你自己在这方面又恰恰处于劣势。这一差异正是产生嫉妒的刺激源。与此同时，你却忽略了自己在另一方面的优势。如果你能有意识地调节自己的注意中心，便会使原先失衡的心理获得一种新的平衡，这种平衡无疑会稳定你的情绪和情感。

其次，把嫉妒的心劲用到追赶别人上。这样形成你追我赶的风气，对个人和国家才有希望。

当人们受到他人嫉妒时，往往是憎恶对方的情绪上升，从而使人际交往受阻，如何消除这种心理呢？一个办法是让对方得到一种心理补偿，以减弱他的嫉妒感，如把一些出风头的机会让给对方。也许有人会问：这样岂不是助长了他想压倒一切的欲望吗？要知道，嫉妒的人想的就是一切都要占上风。第二个办法是把嫉妒引向正当手段的竞争，教给对方竞争的一些方法，让他有信心能超过别人。

想要的太多，心也会累

在生活中，我们拥有的不是太少，但是欲望太多，因而造成心理贫穷。

从前，有两位很虔诚、很要好的教徒，决定一起到遥远的圣山朝圣。两人背上行囊、风尘仆仆地上路，誓言不达圣山朝拜，绝不返家。

两位教徒走啊走，走了两个多星期之后，遇见一位白发年长的圣者；这位圣者看到这两位如此虔诚的教徒千里迢迢要前往圣山朝圣，就十分感动地告诉他们：“从这里距离圣山还有十天的脚程，但是很遗憾，我在这十字路口就要和你们分手了；而在分手前，我要送给你们一个礼物！什么礼物呢？就是你们当中的一个人先许愿，他的愿望一定会马上实现；而第二个人，就可以得到那愿望的两倍!”

此时，其中一教徒心里一想：“这太棒了，我已经知道我想要许什么愿，但我不要先讲，因为如果我先许愿，我就吃亏了，他就可以有双倍的礼物！不行!”而另外一教徒也自忖：“我怎么可以先讲，让我的朋友获得加倍的礼物呢?”于是，两位教徒就开始客气起来，“你先讲嘛!”“你比较年长，你先许愿吧!”“不，应该你先许愿!”两位教徒彼此推来推去，“客套地”推辞一番后，两人就开始不耐烦起来，气氛也变了：“你干嘛！你先讲啊!”“为什么我先讲？我才不要呢!”

两人推到最后，其中一人生气了，大声说道：“喂，你真是个不识相、不知好歹的人，你再不许愿的话，我就把你的狗腿打断，把你掐死!”

另外一人一听，没有想到他的朋友居然变脸，竟然来恐吓自己！于是想，你这么无情无义，我也不必对你太有情有义！我没办法得到的东西，你也休想得到！于是，这一教徒干脆把心一横，狠心地说道：“好，我先许愿！我希望——我的一只眼睛——瞎掉!”

很快地，这位教徒的一个眼睛马上瞎掉，而与他同行的好朋友，也立刻两只眼睛都瞎掉!

原本，这是一件十分美好的礼物，可以使两位好朋友互相共享，但是人的“贪念”与“嫉妒”，左右了心中的情绪，所以使得“祝福”变成“诅咒”，使“好友”变成“仇敌”，更是让原来可以“双赢”的事，变成两人瞎眼的“双输”!

在巴拉圭有一对即将结婚的未婚夫妻，很高兴地大喊大叫、相互拥抱，因为他们中了一张“高额彩券”，奖金是七万五千美金。

可是，这对马上要结婚的新人，在中奖后隔天，就为了“谁该拥有这笔意外之财”而闹翻了；两人大吵一架，并不惜撕破脸、闹上法庭。为什么呢？因为这张彩券当时握在未婚妻的手中，但是未婚夫则气愤地告诉法官："那张彩券是我买的，后来她把彩券放入了她的皮包内，但我也没说什么，因为她是我的未婚妻嘛！可是，她竟然这么无耻、不要脸，居然敢说彩券是她的，是她买的！"

这对未婚夫妻在公堂上大声吵闹，各说各话，丝毫不妥协、不让步，所以也让法官伤透了脑筋。最后，法官下令，在尚未确定"谁是谁非"之时，发行彩券单位暂时不准发出这笔奖金！而两位原本马上要结婚的佳偶，因争夺奖券的归属而变成怨偶，双方也决定取消婚约。

有人说："结婚，经常不是为了钱；离婚，却是经常为了钱！"

的确，人的私心、贪婪、嫉妒，常使人跌倒，重重地跌在自己"恶念"的祸害里。

事实上，我们所拥有的，并不是太少，而是欲望太多；欲望太多的结果，就使自己不满足、不知足，甚至憎恨别人所拥有的，或嫉妒别人比我们更多，以致心里产生忧愁、愤怒和不平衡；欲望太多，就会导致心理贫穷！

要减轻欲望，就要懂得舍弃。而外在的放弃让你接受教训，心里的放弃让你得到解脱，从而心里变得安宁。

有个人说了这样一个有趣的事：他曾经和女友做了一个小测验，说如果同时丢了三样东西：钱包、钥匙、电话本，最紧张哪一样？女友毫不犹豫地选择了电话本，而他毫不犹豫地选择了钥匙。答案说，女友是一个怀旧的人，他是一个现实的人。

后来他们分手了，女友的确总被过去纠缠得不快乐，一段大学时代未果的爱情至今还让她念念不忘，而爱情中的他早已为人夫，为人父。女友的心还停在过去，一直后悔当初没有坚持到底，因此，又错过了很多不错的人。他问她："还可以挽回吗？"她摇摇头，他说："那为什么不放弃？"她无奈地说："放弃不了。"

他说："其实是你不想放弃。"

中国有句古语说："苦海无边，回头是岸。"偏偏有人就执迷不悟，因此，烦恼都是自寻的。

有一个女孩四年前在女友的宿舍玩，一念之差想偷屋里的一副耳环，后来被耳环的主人识破，女孩羞愧难当，自此离开家乡，再也没回去过。

人生有些错误是无法挽回的，有时，需要你付出代价，这个代价就是放弃。外在的放弃让你接受教训，心里的放弃让你得到解脱。生活中的垃圾既然可以不皱一下眉头就轻易丢掉，情感上的垃圾也无须抱残守缺。

不要总想着挽回，有时人生需要放弃。放弃是一门艺术。在物欲横流的今天，既需要你做出选择，而更多的则是放弃。与其说是抉择得当，不如说是放弃得好。人生苦短，要想获得越多，就得放弃越多。那些什么都不放弃的人，是不可能有多少获得的。其结果必然是对自身生命的最大放弃，让自己的一生永远处在碌碌无为之中。

放弃是一种让步，让步不是退步。让一步，避其锋，然后养精蓄锐，以利更好地向前冲刺。放弃是量力而行，明知得不到的东西，何必苦苦相求，明知做不到的事，何必硬撑着去做呢?

放弃需要明智，该得时你便得之，该失时你要大胆地让它失去。有时你以为得到了某些时，可能失去了很多；有时你以为失去了不少，却有可能获得许多。不以得喜，不以失悲。尽自己最大的努力去做，管它花开花落，云卷云舒。

你应该明白：即使你拥有整个世界，但你一天也只能吃三餐。这是人生思悟后的一种清醒，谁真正懂得它的含义，谁就能活得轻松，过得自在，白天知足常乐，夜里睡得安宁，走路感觉踏实，蓦然回首时没有遗憾!

物质上永不知足是一种病态，其病因多是权力、地位、金钱之类引发的。这种病态如果发展下去，就是贪得无厌，其结局是自我爆炸，自我毁灭。

托尔斯泰说："欲望越小，人生就越幸福。"这话，蕴含着深邃的人生哲理。"欲望越小，人生就越幸福。"这是针对欲望越大，人越贪婪，人生越易致祸而言的。古往今来，被难填的欲壑所葬送的贪婪者，多得不可计数。

托尔斯泰还讲过一个故事：有一个人想得到一块土地，地主就对他说，清早，你从这里往外跑，跑一段就插个旗杆，只要你在太阳落山前赶回来，插上旗杆的地都归你。那人就不要命地跑，太阳偏西了还不知足。太阳落山前，他是跑回来了，但已精疲力竭，摔个跟头就再没起来。于是有人挖了个坑，就地埋了他。牧师在给这个人做祈祷的时候说："一个人要多少土地呢？就这么大。"

这个死者，正像《伊索寓言》里一个故事所说："有些人因为贪婪，想得到更多的东西，却把现在所有的也失掉了。"

其实，我们每一个人所拥有的财物，无论是房子、车子……无论是有形的，还是无形的，没有一样是属于你自己的。那些东西不过是暂时寄托于你，有的让你暂时使用，有的让你暂时保管而已，到了最后，物归何主，都未可知。所以智者把这些财富统统视为身外之物。

卡耐基曾说："要是我们得不到我们希望的东西，最好不要让忧虑和悔恨来苦恼我们的生活。且让我们原谅自己，学得豁达一点。根据古希腊哲学家艾皮科蒂塔的说法，哲学的精华就是：一个人生活上的快乐，应该来自尽可能减少对外来事物的依赖。罗马政治学家及哲学家塞尼加也说：'如果你一直觉得不满，那么即使你拥有了整个世界，也会觉得伤心。'且让我们记住，即使我们拥有整个世界，我们一天也只能吃三餐，一次也只能睡一张床，即使是一个挖水沟的工人也可如此享受，而且他们可能比洛克菲勒吃得更津津有味，睡得更安稳。"

"身外物，不奢恋"是思悟后的清醒。它不但是超越世俗的大智大勇，也是放眼未来的豁达襟怀。谁能做到这一点，谁就会活得轻松，过得自在，遇事想得开，放得下。

做人何必那么刻薄

如果你对别人刻薄，那么别人必将以牙还牙。所以，一个心胸狭窄、没有度量的人，他的刻薄在伤害别人的同时，也将伤害自己。举例来说，当你受到别人的刻薄对待或歧视时，一定会觉得闷闷不乐。这时候，你应该整顿自己的身心，恢复活力。关于这一点，诸位不妨参考一个很有趣的例子。小张被人称为“失恋魔”，原来他经常坠入爱河，可惜每次都饱尝失恋的苦味，当朋友们问他何以在每次失恋之余，仍能恢复精神与活力时，他却回答说：“其实没什么，我被人遗弃，当然有些心酸，不过，我也同样觉得对方很可恶，如此而已。”

老实说，人类的内心中存有一种自然的防卫机能，那就是遭遇精神危机时，懂得保护自己的安全，“失恋魔”的情况正是一种投射反应。从这个角度说，如果我们将对方的伤害久铭在心，那么反而会加重自己的不快，反之，则可以使内心的创伤很快恢复。

生活经验告诉我们，要消除对对方的抵抗感，不妨塑造共同的敌人。有一段时间我们会发现平常感情恶劣得无以复加的姑嫂们，突然变得意气相投起来，而且经常为某事商讨得很热烈。原来，他们的反目都是由于隔壁太太搬弄是非。当她们面临邻居这位长舌妇的共同敌人时，她们开始进入休战状态，而且毅然拆除内心的障碍，互相让步。

其实，不仅限于姑嫂间的问题，人类自古以来，常常由于共同敌人的出现，使得一向步调不一致的伙伴携手合作，甚至不相往来的双方也能变为“同志”，这种历史事实，比比皆是。在小孩子的天地里，经常打架的兄弟，如果突然出现邻居的顽童，这对兄弟这时会采取联合抵抗的态度，这也许属于同一种例证。

如果将此项原理反过来运用，因为在意识上塑造了共同的敌人，彼此自然可以结为“同志”。我们可利用此法来跟一个很难相处的人，相处得很圆满。

同样地，如想接近一个无故被疏远的朋友，或对己怀有抵抗感的人，不妨找出共同的敌人，培养同仇敌忾的情绪，这样可从对方那得到前所未有的亲近感。

到目前为止，一般人都曾设法抑制各式各样的不安与烦恼、无奈，任何人都多少具有趋向他人志向的性格，正因为如此，才会心有所思，而产生各种烦恼。上述方法能帮助我们消除对别人所产生的压迫感与自卑感，并设法发挥自己的能力。

释放压力也是给心情减负

生活在这个忙碌的世界中，我们每天都要面对很多压力，消除压力可用以下方法。

一、享受轻松之波

站着或坐着。从脚趾开始，到腿——腿的上部——背的下部——腹部——躯干上部——双肩——胸部——双臂一直到脸部，轻轻地绷紧各部分肌肉，感到从脚趾到头部整个身体紧张起来。将这种紧张状态保持几秒钟，然后从头部开始让温暖的轻松之波流遍全身，让它流过我们的颈部——双臂——双肩——背部——腹部——双腿和双脚，让这波浪带走紧张和疲劳。注意一下我们身体的哪部分还有紧张感，让轻松之波从上面滚过，感觉到肌肉中的紧张感随着放松的波浪被冲走。现在绷紧，然后用轻松之波使我们的整个身体放松，做二至三次，加上一个扭脖子动作，以改善通向头部的血液循环。当我们坐下或躺下时感到彻底的放松，然后进入下个训练。

二、进行控制压力的练习

让自己尽可能地舒坦，不要穿紧身衣服，感到非常、非常地放松，做几个深呼吸。当我们轻松地做深呼吸时，对自己说："当我轻松地做深呼吸，感到深度的放松时，想象自己在一幢楼的七楼上，墙上涂着鲜艳而又温暖的红色，接着走到这个走廊的尽头，走到另一个标有'十'的扶梯前。这是一种银色的滚梯。然后踏了上去，感到自己在下滑，双手扶着梯沿，感到极为安全。滚梯继续无声地下降，非常慢，非常安全，非常稳。而且正在一个非常轻松的途中往下降，感到自己轻松自在……轻松自在。

"我深吸一口气，在呼出时，重复说几遍'7'，想象穿过七楼鲜艳红墙上的一个大'7'。在继续轻松地向下降的过程中，红色好像从我身边飘过。

"我下了滚梯，到了六层。首先沿着走廊走向下一个扶梯，这时，在六层那明亮的橘黄色墙上看到印有一个巨大的'6'字。在明亮的橘黄色包围中，踏上了滚梯的第一个台阶。深吸了一口气，在呼出时，重复说几遍'6'字，清楚地看见四周橘黄色的墙。

"当我平稳下降到更让人放松和愉快的地方时，内心感觉自在和轻松。现在在五层上，我看见了五楼的标志，注意到墙上是一种灿烂的金黄色。下了滚梯，做一个深吸气，在呼出时，想着数字'5'。然后默念几次'5'，享受着让人欢乐的美丽的金黄色。上了下一截滚梯继续往下飘。感到让自己放松，只是享受着这一颜色。

"我看到了四楼的标志，注意到墙上是安静的翠绿色。我在四楼下了滚梯，穿过这个洁静的翠母绿，走向下一截滚梯。

"我深吸一口气时，脑子里想着'4'字，默念'4'几次，再踏上下一截滚梯，静静地穿过美妙的绿色滑下，到达更怡人、更轻松的地方时，享受着在周围清亮的绿色。

"我到了三层的标志旁，看到这层的墙上是蔚蓝色，我感到自己浑身充满了这种平和而安静的蓝色，周围到处是蓝色。这时在三层停了一会儿，然后想象出自然界中一个安静的景象，这是一处总能让我感受到极度放松的深为我所喜爱的处所——一片蔚蓝的湖水，或是一个平静的蓝色大坝，或是一片田野，一道山脉。头上是一片广阔的蔚蓝色的天空。我再次感受到了那深度放松的和谐，我享受着周围流动的蓝色，感到非常愉快、非常自由——一种轻松的感觉。

“我深吸一口气，在呼出时，我想着数字‘3’，默念‘3’字数次。

“我踏上下一截滚梯，又开始平稳轻松地下滑至一个更为柔和自在、颜色更为怡人的轻松的地方。

“我看到了二层的标志，然后看到该层的墙是一种深色而有活力的紫色。我下了滚梯，深吸一口气，然后呼出。我想着‘2’字，内心默念数字‘2’几次，感觉深紫色包围着我，而且无比舒适和放松。穿过这个紫色，在走向走廊另一端的滚梯时，感到紫色流遍我的全身。

“当我穿过紫色往下去，到了一个更为怡人和轻松的地方时，我看到了一楼的标志。注意到这个楼层是一种发光的紫外线颜色。滚梯平稳地下滑，然后我下了滚梯，就到了一层。

“我深吸一口气，在呼出时，想着数字‘1’，反复说几次‘1’字，我享受着周围的紫外线，感到自己沐浴在光线中。现在我已达到一种非常、非常放松的状态，感到非常自在、健康和轻松。现在到了主内层上，在这一层上我能轻松地与思维中的其他意识进行联系。这时接着休息，享受着彻底的放松感，平稳地进行深呼吸，享受着这一彻底放松。”

在繁忙的工作之余，我们能做一些适当的运动，也就会减轻压力。

做人哭吧哭吧不是罪

当你遇到不可抗拒的压力时，大哭一场可以将受到压抑的情绪宣泄出来，这种方法是有根据的，科学家们早已从眼泪中找到了控制压力的化学物质了。

可能是深受社会对男性的“男儿有泪不轻弹”的影响，常听到有些男人说：“无论受了什么委屈，我绝不可以哭。”这听起来似乎很有道理，其实却是错得没谱。每个人都有哭泣的权利，男人也一样，而且，会哭的男人比起从来都不哭的男人要来得坚强得多。

好几年以前，有一回我们刚度完两周的假期回来，一进门就闻到一股恶臭。原本还以为是空气不流通造成的，所以开完门窗通风之后，味道淡了点也就算了。可是接下来几天，那股刺鼻的气味仍在，让人实在受不了。到了周末，我决定要么找出臭味的来源，要么赶紧找地方搬家；因为我直觉认为很可能是家里某个地方死了什么动物，才会这么难闻，要我再住下去实在可怕。

我左想右想，最有可能是在我们外出这段时间里，老鼠跑到冰箱或冷冻库底下，困住死在那儿的。我决定一探究竟。当我趴在地板上往冷冻库下一瞧，发现地毯全湿了时，我心想："糟了！"赶紧起身打开冷冻柜，才发现它大概坏了有3个星期了，所有的牛肉、鸡肉和鱼都坏了，最糟的是香蕉已经烂透了，腐水流得到处都是，看起来真是恶心透了。当你碰到危机时你会怎么办？赶快叫妈妈来，对吧！我已经是个成年妇女了，孩子也都半大不小，母亲又住在600里远的地方，就算叫也没用。不过，我还是拿起了电话一把眼泪一把鼻涕地哭诉，向她求救。母亲也真是既聪明又好心，她仔细听我说完后说："多娜啊！我要你现在就坐下来，好好地大哭一场，哭完了以后，再起来好好打扫干净。"

这是个很好的建议。有时候，我们就是需要好好痛哭一场，把心中的苦闷全给哭出来，哭完以后，就有力气起来面对所有的危机了。

我们都喜欢玩游戏。游戏的本身，就是在不断战胜挫折与失败中获取的一种刺激与欢乐。假如没有挫折与失败，再好的游戏也会索然无味。人生就如一场游戏，但我们作为其中的玩家，真能像在现实的游戏中吗？人们玩游戏时的心态是寻找娱乐，是带着挑战的心情去面对游戏中的困难与挫折的。你面对强大的对手，不断地损伤受挫，但越是如此，你越发兴头十足。试想，倘若人们在生活中，也用这么一种积极向上的游戏心态，那么失败与挫折也就不会显得那么沉重和压抑了。既然如此，我们为何不能将挫折变成一种游戏，以便让痛苦沮丧的心态超然快活起来呢？其实二者并无差别，只是人们在游戏中身心放松，而在生活中过于紧张罢了。于是，在游戏中你可以体味到战胜挫折的欢乐。同样，只有你将生活中的挫折视为游戏，才会从中体味积极人生的快乐……

从下面描绘的这幅童真无忌的画面中，你应该能体会到很多东西。

在一个春光明媚的日子，在阳光普照的公园里，许多小孩正在快乐地游戏，其中一个小女孩不知踩到了什么东西，突然摔倒了，并开始哭泣。这时，旁边有一位小男孩立即跑过来，别人都以为这个小男孩会伸手把摔倒的小女孩拉起来或安慰鼓励她站起来。但出乎意料的是，这个小男孩竟在哭泣着的小女孩身边故意也摔了一跤，同时一边看着小女孩一边笑个不停。泪流满面的小女孩看到这幅情景，也觉得也十分可笑，于是破涕为笑，俩人滚在一起乐得不可开交。

第八章

你的心态，也会禁锢你的心灵

不能把自己变成“囚犯”

生命并不是一条直线，而应是像棵树一样，我们之中大部分人必须移植后方能开花。

一个小孩在看完马戏团精彩的表演后，随着父亲到帐篷外拿干草喂养表演完的动物。

小孩注意到一旁的大象群，问父亲：“爸，大象那么有力气，为什么它们的脚上只系着一条小小的铁链，难道它无法挣开那条铁链逃脱吗?”

父亲笑了笑，耐心地为孩子解释：“没错，大象是挣不开那条细细的铁链的。在大象还小的时候，驯兽师就是用同样的铁链来系住小象的，那时候的小象，力气还不够大，小象起初也想挣开铁链的束缚，可是试过几次之后，知道自己的力气不足以挣开铁链，也就放弃了挣脱的念头，等小象长成大象后，它就甘心受那条铁链的限制，而不再想逃脱了。”

正当父亲解说之际，马戏团里失火了，大火随着草料、帐篷等物，燃烧得十分迅速，蔓延到了动物的休息区。

动物们受火势所逼，十分焦躁不安，而大象更是频频跺脚，仍是挣不开脚上的铁链。

炙热的火势终于逼近大象，只见一只大象已被火烧着，灼痛之余，猛然一抬脚，竟轻易将脚上铁链挣断，迅速奔逃至安全的地带。

其他的大象，有一两只见同伴挣断铁链逃脱，立刻也模仿它的动作，用力挣断铁链。但其他的大象却不肯去尝试，只顾不断地焦急地转圈跺脚，竟而遭大火席卷，无一幸存。

在大象成长的过程中，人类聪明地利用一条铁链限制了它，虽然那样的铁链根本系不住有力的大象。

在我们成长的环境中，是否也有许多肉眼看不见的链条在系住我们？而我们也就自然将这些铁条当成习惯，视为理所当然。

就这样，我们独特的创意被自己抹杀，认为自己无法成功致富；告诉自己，难以成为配偶心目中理想的另一半，无法成为孩子心目中理想的父母、父母心目中理想的孩子。然后，开始向环境低头，甚至开始认命、怨天尤人。

这一切都是我们心中那条系住自我的铁链在作祟罢了。或许，你必须耐心静候生命中来一场大火，逼得你非得选择挣断链条或甘心遭大火席卷。或许，你将幸运地选对了前者，在挣脱困境之后，语重心长地告诫后人：人必须经苦难磨炼方能得以成长。

除了这些人生习以为常的方式之外，你还可以有一种不同的选择。你可以当机立断，运用我们内在的能力，当下立即挣开消极习惯的捆绑，改变自己所处的环境，投入另一个崭新的积极领域中，使自己的潜能得以发挥。

你愿意静待生命中的大火，甚至甘心遭它所席卷，而低头认命？抑或立即在心境上挣开环境的束缚，获得追求成功的自由？从这两者之间做出选择并不困难，困难的是我们没有勇气去打破已有的格局。精神上的枷锁有以下几种。

一、“别人会怎样想”的枷锁

面对失败，“别人将会有什么看法呢？”这的确是一种最普遍而且最具自我毁灭性的心理状态。这种“别人”式的想法是一种强而有力的枷锁。它会伤害你的创造力和人格，把你原有的能力破坏殆尽，使你停滞不前。为摆脱这种“别人”式的枷锁，你不妨想一想，“别人”并不是“先知先觉”，他们往往是“事后诸葛亮”。你应该记住：走自己的路，让别人去说吧！

二、“注定会失败”的枷锁

这是另一种非常普遍的心理。一旦失败，便将自己初始的动机统统扼杀，并不断重复着说：“早知如此，何必当初”！他们因此把自己看得渺小，无法真正透彻地看清自己。要知道，世上绝没有后悔药。为了摆脱“注定会失败”的枷锁，你需要改变思想，换“脑筋”，思想本身会左右事情的发展。你不妨跟自己闲谈，保持积极的态度。切莫在不经意中将自己的创新意识抛弃，它是你最珍贵的东西。想着“我将要成功”而不是会失败；“我是一个胜利者”而非“一位失败者”；寻找助你成功的方法。你会发现你能左右自己的心灵，同样能左右自己的行动。

三、“已为时太晚”的枷锁

许多失败者都相信“已为时太晚了”，已无法挽回，无法再创业了，因此对未来完全妥协，尽量逆来顺受地熬日子。这种“已为时太晚”的枷锁，呈现出各式各样的形态：一个30岁的青年做生意亏了就认为无法东山再起；一个40岁的寡妇就自认为太老无法再婚；一位10年前没有扩大投资的厂长要想重新开始投资就认为时过境迁。为了戒除这种“为时太晚”的枷锁，你可以多观察那群在社会生活中的活跃人物，而不去理会“年龄的限制”，并下定决心，不断奋斗，所谓“春蚕到死丝方尽，蜡炬成灰泪始干”，成功与年龄无关，重新开始永远为时不晚。

四、“过去错误”的枷锁

许多人都害怕再次尝试，因为他们曾经失败过，而且受创很深，正所谓“一朝被蛇咬，十年怕井绳”。但是，对每一位有志之士来说，他都必须对过去所犯的错误保持正确的哲学观，才能使他得以再求突破，再创佳绩。如果你能将自己的失败看成是很有价值的教育投资的话，那就一点也无损失了。因此，你完全不必把“过去的错误”看得太重。其实那根本不能算作失败，只能算是受教育，它能教会你许多事情，使你更加成熟。

不管是哪一种，当你失败了再站起来，或许精神焕发，或许精神一般，但这些枷锁都会加重你的负担，使你步履艰难甚至压得你喘不过气来，只有把它们卸下来，才能一身轻松地去奋斗，向着你的目标甩开步子、勇往直前。

许多人都害怕追随自己的激情，追求自己最向往的事情，因为那意味着要冒险，甚至要面对失败。但是他们不知道全身心地追求你自己的激情本身就是成功。从不做任何尝试就是最大失败。所以我们有自己的天地，有自己的激情，有自己的自己。

有时办公室里滴答作响的钟声，就是自己年复一年一直在脑海中无法宁息的恼人呼喊。

无论它是什么，最后全都归结为罗宾·艾伦生活中的有一天所发生的变化，那天她决定按时下了班后，搭上计程车，去做她一生中最想做的事情——跳舞。

“我对自己发誓要不顾一切地坐上那辆车飞驰而去，重新开始舞蹈课程。坐在车里，我有很深的负罪感，因为我没有像往常那样加班，而是按时下班。但是第二次去跳舞就容易多了，以后就越来越容易了。”

在温哥华，罗宾是一位非常成功的经济学家，她在加拿大温哥华的一家主要金融机构担任着很高的职位。她有两个孩子和一个温暖的家庭。但她总感觉自己好像失去了什么，生活并不是很完美。当她16岁时，她第一次上舞蹈课，她就满怀激情地想要成为一名舞蹈家，虽然她不时地学习舞蹈，做一些半专业化的表演，但她始终没有显示出在舞蹈方面要想成功所必备的才能。而在商务方面她却显得轻车熟路。她获得了经济学硕士学位，建立了成功的事业。

“我父母曾教导我说，要做就要做你能做得好的，如果你不能把某件事做得很好，就不要做。虽然我对跳舞有热情，但我没有成为伟大舞蹈家的天赋。我常常在心里进行着无法形容的爱与恨的斗争，无法决定是否要继续跳下去。”

考虑到父母的教导，同时也是顺应了自我感觉是社会对她的需要，罗宾压制着自己的激情，全身心地投入到家庭和工作中去。可是她从没有放弃在一个完整的舞剧中创作和表演的梦想，尽管她总是说服自己是因为没有时间、能力、创造力和资金来使这件事成功。

有次，她无意中从卫生间的镜子里看到了令她吃惊的一幕，自己仅有32岁，但是看上去却像个老妇人，也许再也不能在舞台上跳舞了，心中回味着不能实现自己梦想的一生。就在那时，她下了决心去练习舞蹈，搞一次表演，即使人们笑话她，即使她一个人在只有空荡座椅的剧场上跳舞，她也要将这个梦想变成现实。就在那天，她跳上了一辆计程车，怀着不可动摇的决心返回到舞蹈课程的学习中。

激情和承诺总能使好的事情发生。罗宾下定决心后没几天，一个朋友给她看了一篇有关安德韦·梅伊斯的报道。安德韦·梅伊斯是一个来自洛杉矶的舞蹈动作设计师和表演家，他将在白岩石附近开班教课。罗宾犹豫了一下，但还是鼓起勇气给安德韦·梅伊斯打了电话。“简直像魔术一般，我们见了面，而且一拍即合，接下来的事情就是我们共同努力实现我的梦想。”

在他们的业余时间，罗宾和安德韦共同编写了剧本《不要打破玻璃》，一个关于一位妇女在舞台上和生活中步步妥协的音乐喜剧。他们编排了每个舞蹈段落，自担主角，并安排了许多演员和舞蹈家扮演其他的角色，罗宾认为安德韦就是自己最需要的老师和伙伴，“他知道怎样增强我的力量，通过高超的摄影技术，变换光线和拍摄角度使我看起来更好，他知道作为一名舞蹈者我能做什么，我不能做什么。”

罗宾发现她不必为了追求自己的梦想而放弃生活的其他方面。“我一直以为，如果我做一些需要付出很大努力的事情，就很难顾及其他事情了，比如孩子或工作。但事实并非如此。其他工作的参与，反而使我的工作效率更高了，在工作中取得了更大的成绩。我在工作中表现出了更大的信心和自我意识，和孩子们在一起也更有乐趣，更加自然。孩子们和我一起参加到演出中，卖票，调度灯光，他们也非常喜欢做这些事。我们作为一家人所共同度过的时光也更美好了，确实更加美妙了。”

罗宾与安德韦会面的七个月后，《不要打破玻璃》在温哥华的首映便取得了成功。人们的反应非常好，罗宾和安德韦决定延长演出，将此剧在白岩石上映。“人们都能和此故事联系起来。许多人的愿望都从未实现。许多人都想有那么一个机会来发现他们自身拥有的巨大财富——这个舞剧使人们思索：他们是谁，他们还可以成为怎样的人。”

在办公室和在舞台上，罗宾继续着自己的两个职业。她现在已经是英国哥伦比亚保险公司——加拿大最大的机构的总裁和总经理。作为她自己公司的总裁，她是一位深受欢迎的企业顾问和发言人；同时，罗宾仍然找出时间制作、编写、演出了四部舞剧，大量观众观看了演出，并且好评如潮。罗宾·艾伦使她的生活更加完整，因为她善于倾听自己心灵的呼声。

我们的心灵也要定期清扫

《王阳明全书》里记载了这样一个故事：有一个名叫杨茂的人，他是个聋哑的人，阳明先生不懂得手语，只好跟他用笔谈，阳明先生首先问：“你的耳朵能听到是非吗?”答：“不能，因为我是个聋子。”问：“你的嘴巴能够讲是非吗?”答：“不能，因为我是个哑巴。”又问：“那你的心知道是非吗?”但见杨茂高兴得不得了，指天画地回答：“能、能、能”。于是阳明先生就对他说：“你的耳朵不能听是非，省了多少闲是非；口不能说是非，又省了多少闲是非；你心知道是非就够了。”倒有许多人，耳能听是非，口能说是非，眼能见是非，心还未必知道是非呢！

我们有很多的是非，都是听来的，人家第一句话，就叫你暴跳如雷，

第二句话就叫你泪流成河，那人家岂不成了导演，而我们也就当了演员。还有很多的是非，都是说出来的，所谓“病从口入，祸从口出”。哪怕两片薄薄的嘴唇，都会把人间搞得乌烟瘴气，鸡犬不宁。可见很多的是非都是听来的，都是说出来的。

你痛苦就是因为你太执着,看不开、也放不下,自然把自己给绑死了,而不得解脱,若能看开了放下了就不至于如此。

如何创造幸福人生呢？之所以用创造而不用追求，因为创造主权在我，要，就可以得到；而追求，往外追、往外求、万一追不到，求不得，烦恼还是要来的。

所以用创造，而不想用追求。快乐幸福才是真的，学问大、名位高、财富多，也是为了快乐。假如钱很多很多而不快乐，那个钱宁可不要。假使你拥有了一切，而丧失了自己，那是非常痛苦的，这叫本末倒置，舍本逐末，效果不彰。所以快乐、幸福非常重要。

快乐是要自己快乐，让别人来分享你的快乐，每天早上垃圾车来把垃圾全部带走，有形垃圾容易处理，无形的垃圾最难处理；什么是真正的垃圾呢？怨、恨、恼、怒、烦，这才是真正的垃圾，假若今天你把这些垃圾，请垃圾车全部带走，你今天就没有垃圾了。也就是说，只要你每天清扫心灵的垃圾，你就能得到幸福和快乐。

时光飞逝，但我们不能让自己的心境变老。当年惊世骇俗的麦当娜转眼已经40岁，进入了生命的成熟期。她表示说虽然生理年龄40岁了，但是她却认为自己必需减五岁，实际上是35岁才对！

她的理由有四个：当年与西恩潘的婚姻，可说是有一整年是浪费掉的，因此必须减去一岁。她与女喜剧演员珊德拉·班哈特为争女儿而翻脸，因此两年的友情算是空白，又要减两岁。接下来是她曾经演出过大烂片《赤裸惊情》，所以这一年也不能算。最后是演出《狄克崔西》时与华伦比提的恋爱谣传，那一年等于是浪费她的生命，因此必须要减掉那一年。

如此推算下来，果然她又多了五岁！真的可以理直气壮地再年轻一次了！

想想看，你是否也有些岁月是浪费掉，需要重过的？花了五年时间爱错了一个男人？减掉五岁吧！因为失恋而消沉了一年？减掉一岁！花了两年时间做了一个不喜欢的工作，减掉两岁！这样算下来，你是不是又年轻了几岁？时间对你再也不是压力了！你是不是又可以重新开始尝试崭新的生活？你是不是又有勇气另起炉灶了？

其实时间是供我们垂钓的溪流，在这条溪流中，我们想要抓住星星、月亮或鱼群、水草，完全掌握在我们的手中。汩汩的河水流逝了，年轻的心境却永远不会磨损。

法国思想家蒙田说："我宁愿有一个短促的老年，也不愿在我尚未进入老年期就老了。"

好好掌握自己的生命，运用减岁哲学将使你的心情永远不会衰老，永远有机会重新开始，永远敢另起炉灶！

打开心窗才能迎来阳光

一栋房子如果没有窗户，温暖的太阳就无法照进来，新鲜的空气也不能飘进来。

人也是一样，"心窗"没有打开的时候，就会感到气闷；"心窗"打开了，心才能够通达，心灵的视觉才更清晰。

一旦窗户打开了，心灵的空间也就豁然开朗，对于一些事情也能看得更透彻了，如此再来了解"空"的道理，就能消化"有"的烦恼。

如果看得到内心空间的好处，就要赶紧腾出空来……

人，总是为了追求名、利、权势而劳碌终生；对于情爱，贪求不厌，对于私情欲爱缠绵不休，万般痛苦不能解脱！

有位太太的先生是知名的企业家，对她百依百顺，以世俗人眼光看起来，她是很享福的，物质生活是富裕的，可以说是幸福中的幸福人。但她仍觉得很苦，看到一个朋友时，却哭得很伤心，朋友问她："你有什么不满意呢?"

她说："你不知道啊！他对我感情不专，使我痛苦、不满。"

朋友劝她说："到底你要追求多少感情才满意呢？不要太强求，感情如同一个球，愈硬碰，它跳得愈高愈远。"

她问："那要如何解决呢?"

朋友回答道："放宽尺度，你爱的范围太狭窄了，把感情当成了一条绳子，缚（管）得他对你产生敬而远之的心理，才使你那么痛苦。你应该以柔和的感情来宽容他的一切，不要将占有欲、威力加在感情上面，否则先生表面又顺又爱，但内心却又烦又畏，也就难怪他会对你有欺骗的行为。你若能把爱扩大到去爱他所爱的人，他一定会感谢你，同时也更珍惜这份感情中的恩情，因为你所给予他的爱是那么的自在。人的感情就像是熔炉，只要你多给他宽大的爱，满足他的感情，再冷再硬的心也会被它融化……"

这位为情所苦的太太，后来果真做到去爱他所爱的那些人，夫妻的感情如此，父母子女的感情也是如此。

"问世间情是何物，直教人生死相许。"婚姻是一种"缘"，若能因缘聚而相知相惜，实在是幸福。在共同生活的交融中，彼此能互相包容欣赏对方的优点，方能圆融一生。在人生旅途上，彼此互相扶持、互相勉励，勇于承担与付出而不逃避。

很多在事业上未取得成功的人，都是因为年轻时自我放纵而造成的。他们的生活模式几乎是一样的，作息时间混乱，基本上凭本能，凭感觉懒洋洋地生活，想喝了，就去喝，想吃了，便去吃，过得随心所欲，浑浑噩噩，不断地浪费时间，而不懂得在人的一生中，要留一点属于自己的时间，与自我的心灵对话，看清自己，认识自我，扩大自我的生活空间，重建自己的生命力。

18 世纪法国最杰出的启蒙思想家卢梭非常珍惜与自我对话的机会，因为他深深地懂得这样做对未来的人生是多么重要，正是由于他深刻而又持久地与自我对话，他才成为了“前无古人，后无来者”的伟大启蒙思想家。世界上许多伟大的宗教领袖经常远离人群，回归自我与心灵对话，一段时间之后再回到人群，与人分享自我心灵对话所得到的各种启示。穆罕默德在每一年的斋月期间，都会避隐到希拉山的洞窟里与自我进行心灵交流。他们无限扩展了自我生活空间，成为人类精神的伟大领导者。

留一点时间给自己，让自我的心灵解放出来，远离那些无关紧要的事情，去注意那些必须做的事情，更加看清你的过去、现在与未来，心灵的空间渐渐扩大，而你成功的力量正是来自于这个空间。

闻名于世的美国著名成人教育大师戴尔·卡耐基很强调这样一种观点，即一个人事业上的成功，只有 15% 是由于他的专业技术，另外的 85% 要靠自我心灵，人际关系，处世技巧。因此，他的基本哲学思想，就是着眼于人的自我心灵培养和人与人之间的沟通、交往、宽容，并汲取了行为科学和心理学的新成果，使人们事业成功，家庭幸福。

有一些人为一些小事而发火，乱说话、乱摔东西，这就是“情绪短路”的一种表现。用电短路会损坏电器，甚至酿成火灾；情绪短路，既伤害别人，也伤害自己。主要原因是自控与转移情绪的能力不强。这种能力与智能水平有关，可说是“情感智商”。

在人际交往中，常见到一些人的心情犹如春、夏的气候，大起大落，变化无常。比如在公园玩得很开心，可回家后又觉生活单调枯燥而心烦，唉声叹气；与朋友团聚时热闹欢快，独自一人时又为孤寂而愁眉苦脸；时欢时苦，飘忽不定，着实叫人不可捉摸，不仅使人感到难于相处，也令自己异常难受。这种不正常的表现，是“心理斜坡”在作怪。

人的感情在外界刺激的影响下，具有多度性和两极性。每一种情感具有不同的等级，还有着与之相对立的情感状态，如爱与恨、欢乐与忧愁等。感情的等级越高，“心理斜坡”就越大，也就容易向相反的情绪状态转化。“心理斜坡”不但使人情绪不稳，且会间接、直接地影响健康。

要克服“情绪短路”和“心理斜坡”的不良反应，要重视自己的心理保健。正如古语所说：“心病还须心药医”，首先要自觉地消除思想上的偏差，人生不可能总是高潮，更不可能事事如意，在平凡日子中生活，就少不了要碰到麻烦事。关键是懂得放松自己，以平常心面对生活。只有这样，才能在不顺心时不致陷入烦恼的泥坑而不能自拔。只有善于保持良好的心理状态，才能为自己营造出良好的生理状态，从而赢得“健康人生”。

其次，应该勇对新生活，主动体验生活中的不同乐趣（尤其在今天改革开放的日子里）——既能在激荡人心的活动中体验激情的热烈奔放，又能在平淡如水的日常生活中享受悠然自得的生活情趣。既能在群体活动中感受快乐，又能在独自生活时创造充实。只有这样，才能在碰到不顺心的事或发生较大转换时，避免产生心理上的反差而诱发情绪短路。

其三，适当地“糊涂”是医治情绪病的良方。对人对事，只要不是原则问题，就大可“糊涂”待之。“糊涂”者，指不必事事计较谁是谁非；不去时时考虑个人得失；不去每每分析谁占了我便宜；不去常常思量自己有没有吃亏。老年人由于有“长者尊严关”“老年面子关”和不自觉而产生的“老子总是正确的想法”等，“海纳百川”的气量，就更显得难能可贵了。但是，必须具有大气量，才能轻松地生活。宽容，该是老年人心理基础最重要的一条。

其四，要加强理智对情绪的调控作用。古语云“物极必反”。这就提醒我们，“乐极”与“气极”“怒极”都不好，应该时刻注意保持适度的冷静和清醒，在欢乐、顺心时，主动降温；遇苦闷或情绪转入低谷时，要换个积极的想法；事物都有多重性，受许多因素制约，要从有利及好的一面去想，自能摆脱情绪困境。也可用“以反制反”的办法来调整自己。如静极就外出活动一下；闹极就避开冷一冷；闷极就找人说一说……只要不断学习，坚持用正确的人生观、世界观指导自己的思想感情和行动，就能做到以理智控制情绪保康宁。古人都知道“修德”是贯穿终生的主课，这一点也是我们现代人应该学习的。

古人曾说：“不如人意常八九，如人之意一二分。”一般来说，人的一生中处于逆境的时间是大大多于顺境的。即使是历史上的帝王将相，生活中的富豪、名人等，各人都有各自的烦恼和忧伤。

现代研究证实，持久的不良情绪，特别是表现为烦恼、忧郁悲伤的消极情绪，还可通过神经、内分泌系统影响机体的免疫功能，使人体对细菌、病毒及肿瘤细胞的抵抗力下降。正如一位英国哲学家说过的：“生命的潮汐因快乐而升，因痛苦而降。”打开你的心窗，你就能摆脱不良心境的影响，让自己的生活变得快乐幸福。

所谓输赢得失，其实没什么大不了

有个可以快乐起来的方法，那就是改变我们思考的重心试着去想美好的东西。不是抱怨你的薪水，而是感激你拥有了一份工作；不是期望你能去夏威夷度假，而是想到你家附近亦有乐趣。

一个能够笑看输赢得失的人，他们深信自然和自己的潜能足以实现任何梦想，认为一个成功者周围就必须倒下千万个失败者是不成功的，真正有效的成功者只在自己的成功中追求卓越，而不把成功建立在别人的失败上。

如何培养富足之心，笑看输赢得失呢？

一、赞美孤独

富足之心是宁静的。个性并不害怕孤独，反而赞美它。孤独是个性最美好的一部分，原本就不存在能不能忍受的问题。

笑看输赢的人总能够给自己留出时间，享受独处的欢乐，整理往事、展望前程，想象出类拔萃的美好生活。内心贫乏的人，生性急躁，喜欢喧嚣和热闹，一刻也离不开从他人眼中找寻自己赖以生存的保障，独处将倍感寂寞，但自身环境却又窄得令人窒息。笑看输赢的人，独自承受个性滋润、修身养性。他享受宁静和孤寂，在反省中看见自身的不足。他把自己准备得很充分，再投入步调紧凑的生活中去。

二、帮助他人而不求回报

笑看输赢的人愿意帮助他人，不求名不求利不求回报。他知道内心献出东西，依旧会从内心产生出来。他就像自己的一家能源工厂，生产力很高，永远能提供满足。

三、不自怨自艾

笑看输赢者对损失看得很淡。他相信相对于整体而言，损失的不过是小小的局部。他们不会因此而不能释怀，不会老是对自己怨艾和指责，知道谁都有犯错的时候，他们勇于承认错误，并宽恕自己和他人，他只是采取行动来挽回损失。满心喜悦地做着自己能力范围内的事。

四、放弃“多多益善”的想法

只要你拥有“多多益善”的想法，认为物质生活“越多越好”，你就永远不会满足。

每当我们得到什么，或达到了某一目标，我们大部分人就会立即再继续下一件事。这压制了我们对生活和我们许多幸福的欣赏。

学会满足并不是说你不能、不会或不该想得到比你的财产更多的东西，只是说你的幸福不要依赖于它。你可通过更着眼于现在，而不是太注重你想得到的东西来学会安享现有的一切。

你可以建起一种新的欣赏你已享有的幸福的思维，以新的眼光看待你的生活，就像是第一次看到它。当你建起这一新的意识时，你将会发现，当新的财产或成就进入你的生活，你的欣赏程度将被提高。生活也将会变得更加快乐。

宁静才能致远，淡泊方显本心

人生在世，主观上追求什么，就能从根本上决定一生的命运。追求功名利禄的人，整天考虑的是他人对自己如何如何评价，必然活得累。自觉追求淡然恬静的人，自然是荣辱毁誉不上心，按照自己的原则做人，做个古人所说的：“没事汉，清闲人”。

个人在与社会、与群体相处的时候要和谐，尽量把小我融入大我之中，必要时甚至需要达到忘我的境界。但是，在自然之“我”与精神之“我”这对关系中，又应强调后者：若物质生活清贫，精神生活也要富有。不管外界有多少有形无形的枷锁，精神意志却是自由的，“泽雉十步一啄，百步一饮，不蕲畜乎樊中，神虽王，不善也”。山鸡宁愿走十步或百步去寻到饮食，也不愿被关在笼子里做一只家鸡；帝王虽然神圣，却也没有什么好的。这一点，与西方的“存在主义”代表人物萨特的观点似乎不谋而合。萨特在他的《苍蝇》一剧中，借众神之神朱庇特之口说：“神与国王都有痛苦的秘密，那就是——人类是自由的”。

“没事汉，清闲人”不是无所事事，游手好闲者，而是精神自由的人，自由是宝贵财富。诚如卢梭所说：“在所有的一切财富中最为可贵的不是权威而是自由，真正自由的人，只想他能够得到的东西，只做他喜欢做的事情。”“放弃自己的自由，就是放弃自己做人的资格，放弃人的权利，甚至放弃自己的义务。”当然，自由不是随心所欲，任何自由都是有限度的，有规则的，所谓“绝对的自由世界”纯属子虚乌有。

说到底，自由就是顺心尽兴，但能顺心尽兴不是酒色财气，吃喝嫖赌，而是有追求，不贪心，心性不可太盛。要奉献，但不亏心。要顺和，但不违心，不同流合污。所谓有追求，不贪心，心性不可太盛。就是说，人生无论宏大的还是微小的，总要或总在追求什么，完全浑浑然无所求的人几乎没有。人要生存，要生活，就要有一定的物质条件保证，以满足起码的生存需求。适当的物质追求也是天经地义，无可厚非的。即使功名利禄，只要是付出所得，似乎也应受之无愧。但若对于这些东西的需求，变成无止境的追求，并以此作为人格追求，价值追求，必然会贪心不足蛇吞象。即使一次评职称，一次调级，一次提干没能满足，甚至其中有明显不公，也不可耿耿于怀，伤心劳神而穷追不放，甚至放肆撒泼。这样既无面子，又不宜养生。

要奉献，但不亏心。就是说，奉献作为一种社会公德，伦理道德精神，它本身是高尚的，也是每个凡人或多或少可以做到的，所以不仅社会应提倡这种精神，作为个人道德修养，乃至于养生，都可努力去做。

与人相处得理时，别咬住不放，得饶人处且饶人，尤其那些非原则的小事不要太认真儿，闹得不欢而散。如此日久天长，就成为“有人缘”的好人。但是生活是复杂的，处处有矛盾，事事有原则。

经验告诉我们，心愿与现实常常阴差阳错，或歪打正着。你想当演员，各种因素却同时把你定在工人的位置上，成不了“星”还得钻地沟。但只要肯努力，抱定希望，不断充实自己，“是金子早晚会发光”“天生我才必有用”“哀莫大于心死”，只要“不死心”，精诚所至，金石为开，最起码也落个精神充实自由，在精神世界里汪洋恣肆、自由腾飞。

还是卢梭说得对：“人的自由并不仅仅是在于做他愿意做的事，而在于永远做他不愿做的事”。这里所说的自由，主要是指人的自我精神的自由而非行为的不自由。正是出于义务和责任需要，精神的自由虽受客观制约，但它相对行为自由拥有更大的天地，更辽阔遥远的时空。

不要浪费孤独的时光

每个人都有孤独的时候，但并非每个人都能够战胜自己的孤独感。

孤独，并不单纯是独自生活，也不意味着就是独来独往。一个人独处，可能并不感到孤独；而置身于大庭广众之间，未必就没有孤独感产生。

一位心理学家认为，真正的孤独，往往产生于那些虽有肉体接触，却没有情感和思想交流的夫妇。事实上，不管你是已婚抑或是未婚，也不管你是置身于人群，或者是独居一室，只要你对周围的一切缺乏了解，和你身外的世界无法沟通，你就会体会到孤独的滋味。

战胜孤独的秘诀如下：

首先战胜自卑，因为自觉跟别人不一样，所以就不敢跟别人接触，这是自卑心理造成的一种孤独状态。这就跟作茧自缚一样，要冲出这层包围着你的黑暗，你必须首先咬破自卑心理织成的茧。

其实，大可不必为了自己跟别人不一样而忧思重重，人人都是既一样又不一样的。只要你自信一点，钻出自织的“茧”，你就会发现跟别人交往并不是一件难事。要学会与外界交流，独自生活并不意味着与世隔绝。一个长年在山上工作的气象员说，他常常感到有必要把自己的思想告诉人家，可是他的身边却没有人可以倾诉，所以他就用写信来满足自己的这一要求。

当你感觉到孤独的时候，翻一翻你的通讯录，也许你可以给某位久未谋面的朋友写封信，或者，给哪一个朋友挂一个电话，约他去看一场周末上映的电影；或者是，请几位朋友来吃一顿饭，你亲自下厨，炒上几个香喷喷的菜，这都别有一番情趣。

要经常跟朋友们的联系，不应该只是在你感觉到孤独的时候。要知道，别人也都跟你一样，能够体会到友谊的温暖。或者为别人做点什么，跟人们相处时感到的孤独，有时候会超过一个人独处时的十倍。这是因为你跟周围的人格格不入。就跟你突然来到一个语言不通的国度一样，你无法跟周围的人进行必要的交流，你也无法进入那种热烈的气氛里面，你不由自主地觉得自己很孤单，而他们之中那种热烈的气氛更是衬托出你的被冷落。

要打破这种尴尬的局面，唯有“忘我”。想一想你能够为人家做点什么，这很有好处。记住：温暖别人的火，也会温暖你自己。

一些习惯了孤独的人，懂得充分地享受孤独提供给他的闲暇时光。生活中有许许多多活动，都是充满了乐趣的，而孤独使你能够充分领略它们的美妙之处。这种福分，不是那些忙忙碌碌的人可以享受得到的。

一些有过痛苦经验的人都说，当他们遭遇厄运的袭击，而又不能够对人倾诉时，他们会不由自主地走到江边去，被清爽的江风吹着，心情就会渐渐地开朗。有一个感情丰富的女孩子说，她常常跑到最热闹的街道上去，她觉得只要置身于川流不息的人流，就会忘掉自己的寂寞。

确立人生目标，也许因为人类早在原始社会就过惯了群居生活，所以现代社会才有了“孤独”这样一种世纪病。人害怕自己跟他人不一样，害怕被别人排斥，害怕在不幸的时候孤立无援，害怕自己的思想得不到旁人的理解……总之是一种内心的恐慌。似乎人类的心灵越来越脆弱了。

要想从根本上克服内心的脆弱，最好莫过于给自己确立一些目标和培养某种爱好。一个懂得自己活着是为了什么的人，是不会感到寂寞的；同样，一个活着而有所爱、有所追求的人，也是不怕寂寞的。

孤独原本是人类的自然本性。但是极度的孤独或长期的孤独，使自己与别人隔绝，这就是失败型个性的特征了。

这类孤独个性的形成，是由于与生活隔绝、与真实生活远离而造成的。一个人如果远离真实的生活，就会将自己与生活的基本接触完全隔开。那些孤独的人时常生活在恶性循环之中。因为他感到自己的孤立，所以与别人的接触并不能使他获得快乐，甚至会使自己更加孤独。这样一来，他切断了自我发现的途径，使自己完全孤立起来。生活中，大家一起享受，一起做事，可以达到忘我的境界。在兴奋的时候，我们对事情产生了兴趣；在认识别人的时候，我们会觉得不需要掩饰自己。长期这样做，就能够远离虚伪和做假，消除孤立感并且觉得更自然，发现自我，从而感到更加惬意。

孤独虽然是一种自我保护的方法，但与人接触，特别是感情上的交流渠道也因此而隔绝。孤独的人害怕别人与他多接触，但又时常抱怨没有人跟他结伴，在大多数情况下，他这种悲观的态度使他不经意地用孤独的方法来处理事情。他要别人来找他，要别人首先采取行动，要别人知道他有抱负，却不认为自己应该主动对社会有所贡献。

不要顾虑自己的情绪，要强迫自己加入人群。刚刚加入别人的圈子，也许会觉得有些“冷”，但是只要持续下去就会发现，自己的感觉会热起来而且会觉得愉快。培养社交的能力，可以增添很多乐趣，如跳舞、打桥牌、弹钢琴、打网球、聊天等。心理学家告诉我们：经常暴露在惧怕的事物下，可以免于惧怕。孤独的人要是常常强迫自己与别人建立人际关系，并且是主动地建立，他会发现大部分的人都是友善的，而且发现自己也是受人欢迎的。他的害羞、胆怯会慢慢地消失得无影无踪，在公众面前也会泰然自若。

另外，医学中有一种天生的孤独症，它发生在某些具有缺陷的孩子当中，由于不能与外界进行交流，这些孩子将终身陷于自我孤独的灰色世界中，他们的寿命也会大大缩短。孤独是人生命中容易发生坏影响的东西。

不少生下来就很正常的成人，也会产生一种自我孤独的现象，这种自我孤独不是生理因素造成的，而是性格及社会因素造成的。这些自我孤独的人不尊重别人的人格，对生活和他人缺乏感情，过分自卑而缺乏自尊心，具有偏激情绪与猜疑性格，等等。孤独感往往区分为二种不同的类型。一种是因为客观条件的制约，长期脱离人群的“有形”的孤独；一种是身处人群之中，但内心世界却与生活格格不入而造成的“无形”的孤独。前一种“有形”的孤独，比如远离人们生活中心的边疆哨所中的战士、长期坚持在高山气象观测站工作的科技工作者、长年游弋五洲四海的海员，等等，他们远离亲人朋友，在工作之余没有与更多的人相互交往的机会，没有丰富多彩的精神生活，有时不免感到寂寞，感到孤独。但是，他们虽然远离城市和亲人，从事的却是与人民幸福息息相关的崇高的事业，他们的思想感情和人民是紧紧相联的，虽然“孤独”，却意义非凡，因为正是他们的孤独换来了人民生活的安宁、欢乐与幸福。所以，这种“孤独”是值得称道的。

而由于内心世界与人们生活有距离所造成的孤独感，却是十分有害的。人是社会化的高等动物，人区别于其他一切动物，最根本的就是因为人过的是社会化的生活。因此，人的一切，包括思想、学识、才能，等等，只有在社会生活这个意义上才存在，才能得以发展。

我国曾放映过一部名叫《中锋在黎明前死去》的外国影片。电影说的是某国家有一个著名足球中锋，他在世界足球大赛中表现极为出色，带领自己的球队赢得了一次次的胜利。可后来，他被一位百万富翁看中并高价“买”了去。中锋在富翁家里享受着优裕的生活待遇，但是却失去了驰骋绿茵场、施展身手的机会，只是与另外两名被买来的物理学家和舞蹈家一起，被闲置在富翁的一所豪华别墅里，全部的作用，是作为“展品”以满足这个富翁的虚荣心和占有欲。

中锋没有球踢，整天生活在一种难以忍受的孤独之中，终于在忧郁中默默地死去了。

这个故事剖露了资本主义社会里人与人不平等的关系，揭示了资本家惨无人道的贪婪。同时也说明了一个浅显的道理，这就是人是不能脱离“社会”而生存的，离开了社会生活与人际交往，人的本性与人格都不能保持完整。许多报刊杂志曾经一再报道过“狼孩”“熊孩”和野生孩的事例，都说明了这一点。

一切研究表明，人的健康而又完整的精神面貌，是通过人际交往产生和成长的；人也是通过人际交往认识自己、评价自己和改变自己的。青年的青春所焕发出的富有生气、朝气的一切特点，也都是在通过社会交往才得以体现、得以发展和完善的。一个长期被孤独感笼罩的人，精神受到长时间的压抑，不仅会导致自己的心理失去平衡，影响自己智力的发育和才能的发挥，也会引起人的心理上、思想上的一系列的变化，产生诸如思想低沉，精神萎靡，失去事业的进取心和生活的信心。

《青年研究》曾就湖南汨罗县古培乡一年中竟发生十一名青年投水自杀的事件，发表了专题调查报告。其中周琪辉、周再辉、周根保三位女青年集体投水身亡的例子，更令人深思。这三位女青年都在二十岁上下，家庭经济情况在农村都属中上水平，生活宽裕，并且三人都有未婚夫，感情均挺好，与其他亲人、邻居相处的关系也不错，甚至连口角都没有发生过。她们为什么要离开这个世界呢？周琪辉在给未婚夫的遗书中写道：“……微薄的希望，又不成其为希望了。与其过着惨淡的人生，不如长眠大地……一个不安的灵魂，像一个系着不牢实的线一样，在天空中飘忽不定。泪泉干涸了，而一颗快要停止跳动的心却滴着血，宽恕、忘却我吧！我将在九泉之下为你祝福，恳求自己保重。”

周琪辉是一位有抱负的农村姑娘，她聪敏好学，可高考却屡试不中。她向往丰富的精神生活，可在农村却一时无法得到。她不甘心走母亲走过的那条老路：从村姑到媳妇，尔后做妈妈，再当婆婆，最后老死。在她眼里，这是一条灰色的路，可又是她将来不能不走的路。于是，她深深地感到悲哀，感到精神的孤独。在生产责任制前，农村女青年由于忍受不了繁重的体力劳动，或因各种生活悲剧导致轻生。责任制后，经济条件好了，不少乡里妹子打扮得比城里姑娘还要“洋气”三分。可是她们的精神生活却依然相当贫乏，使她们思想产生空虚感，内心与现实格格不入，对前途丧失了信心，以至走上不该走的路。

和周琪辉等三位女青年一样，大多患有孤独感的青年，并不是自己情愿离群索居、孤身独守的。他们有的是在坎坷难行的人生路上遇到了伤人心肺的痛苦，因而或嗟叹人生艰难，埋怨命运刻薄，或痛恨世态炎凉，咒骂人心虚伪；有的是感到自己怀才不遇，知音难觅，得不到别人的理解，因而也不愿意去理解别人，不如独处一隅洁身自好；也有的是自己看不起自己，不相信自己，在人群中徒见别人风流潇洒、知识渊博，因而自惭形秽，悲观自己才貌平庸，才智低下，不敢也不愿意与人交往……境遇各有不同，但结果都大致差不多。

请接受这样的告诫吧：不要把自己置身于孤独感的控制之下，陷入无边的伤感之中，只有勇敢地走出孤独的阴影，才能品尝到甘美的人生。

快乐不难，难的是心态

真正的快乐，不是用金钱和权势换来的，有钱有权的富贵们，不一定人人都快乐，个个都会领略生活的乐趣。

现代人越来越重视对金钱、权势的追求和对物质的占有，殊不知金钱和权力固然可以换取许多享受的东西，可不一定能获取真正的快乐。

钱越多的人，内心的恐惧感越深重，他们怕偷，怕抢，怕被绑票。权势越大的人，危机感越强烈，他们不知何时丢了乌纱帽，不知何时遭人陷害，时时小心，处处提防，惶惶然终日寝食难安。恐惧的压力，造成心理变态失衡。

曾经有个大富翁，家有良田万顷，身边妻妾成群，可日子过得并不开心。而挨着他家高墙的，住着一户穷铁匠，夫妻俩整天有说有笑，日子过得很开心。

一天，富翁小老婆听见隔壁夫妻俩唱歌，便对富翁说："我们虽然有万贯家产，还不如穷铁匠开心！"富翁想了想笑着说："我能叫他们明天唱不出声来！"于是拿了家里所有的金条，从墙头上扔过去。打铁的夫妻俩第二天打扫院子时发现来历不明的金条，心里又高兴又紧张，为了这些金条，他们连铁匠炉子上的活也丢下不干了。男的说："咱们用金条置些好田地。"女的说，"不行！金条让人发现，会怀疑我们是偷来的。"男的说："你先把金条藏在炕洞里。"女的摇头说："藏在炕洞里会叫贼娃子偷去。"他俩商量来，讨论去，谁也想不出好办法。

从此，夫妻俩吃饭不香，觉也睡不安稳，当然再也听不到他俩的欢笑和歌声了。富翁对他小老婆说："你看，他们不再说笑，不再唱歌了吧！"而富翁却因家里再也没有金条，不用防备盗贼，心里变得轻松起来，他们夫妻倒能每天都有好心情唱歌了。看，开心就是如此简单。

铁匠夫妻俩之所以失去了往日的开心，是因为得了不明不白的金条，为了这不义之财，他们既怕被人发现怀疑，又怕被人偷去，有了金条不知如何处置，所以终日寝食难安。

现实生活中也是如此，有些大款虽然守着一堆花花绿绿的票子，守着一幢豪华的洋房，守着一位貌合神离的天仙，未必就能咀嚼到人生的真趣味。

开心不开心同样也不能用手中的"权"来衡量。有了权，未必就能天天开心。我们时常看见有些弄权者，为了保住自己的"乌纱帽"，处处阿谀奉迎，事事言听计从，失去了做人的尊严，哪里还有什么真正的开心？

有的人利用手中的权，拿公款大吃大喝，游山玩水，上歌厅舞厅"泡妞"，虽然获得了一时的感观刺激，找到了一时的开心，但却给自己带来了诉不完的懊悔。他们就像歌德笔下的浮士德，拿自己的灵魂去换取一段开心快乐的时光，结果变成了傻瓜，他们最后失去的不仅仅是快乐和开心。

俄国诗人涅克拉索夫的长诗《在俄罗斯，谁能幸福和快乐》，讲诗人找遍俄国，最终找到的快乐人物竟是枕锄瞌睡的农夫。是的，这位农夫有强壮的身体，能吃能喝能睡，从他打瞌睡的眉目里和他打呼噜的声音中，无不飞扬和流露出由衷的开心。

这位农夫为什么能开心？不外乎两个原因，一是知足常乐，二是劳动能给人带来快乐和开心。

法国杰出作家罗曼·罗兰说得好，“一个人快乐与否，决不依据获得了或是丧失了什么，而只在于自身感觉怎样。”

有的人大富大贵，别人看他很幸福，可他自己身在福中不知福，心里老觉得不痛快；有的人，别人看他离幸福很远，他自己却时时与快乐邂逅。

有对下岗的年轻夫妇，在早市上摆个小摊，靠微薄的收入维持全家五口人的生活。这夫妻俩过去爱跳舞，现在没钱进舞厅，就在自家屋子里打开收录机转悠起来。男的喜欢喂鸟，女的喜欢养花。下岗后，鸟笼里依旧传出悦耳动听的鸟鸣声；阳台上的花儿依旧鲜艳夺目。他俩下了岗，收入减少了许多，还乐个不停，邻居们都用惊异的目光看着他俩。

是的，我们虽然无法改变我们的境况，但我们可以改变自己的心态。没了工作不要紧，但不能没有快乐，如果连快乐都失去了，那活着还有什么意义。因为快乐是人天性的追求，开心是生命中最顽强、最执着的律动。

给予是快乐的源泉。所谓“给予”，它包含付出金钱、时间、兴趣或忠言，或者任何由你能给予他人，且对他们有利的东西。你自己付出了，但实际上这些付出能帮助你发现自己。这项原则听起来很奇怪，但却是真的。付出最多的人，获得的也最多。

寻求人生乐趣的法则是：知道你在生活中会遇到困难、悲伤和恶劣的情形，但深信自己可以克服它们。这种快乐是无价的，这便是我们先前提到的人生的快乐。

有时，一个又一个的打击可能会“打掉了你的生机和活力”。这句话很现实，你可能已如行尸走肉，不断的打击使你感到几乎已穷途末路，你已无法再站起来奋斗，只能爬行，而不敢勇敢地站起来，以智慧和力量去解决困难。对于这样的懦夫来说，人生当然没有什么乐趣。失败总是让人不愉快。只有能应付人生中大大小小难题的人，才能得到大量的人生乐趣。安妮·谢尔太太便是采用积极心态，通过积极思维摆脱忧伤的一个很好的例证。

谢尔先生是当地一家著名宾馆的经理。几个月后，谢尔先生突然去世，而谢尔太太继续留在那家旅馆，在一位新来的经理手下以女主人的身份工作。不久，人们就发现她已摆脱了悲伤情绪。显然，她内心的平静源于一种深深的力量。

朋友们都说，“你回去工作，使自己有事干是正确的决定。”

谢尔太太的回答包含着如何处理悲伤的不寻常的哲学：“事实上，我的心情能够变好，并不是因为我回去工作。工作并非治疗剂，它只是麻醉剂。它只会使我对悲伤麻木，却不能治疗我的心病，是信仰让我完全康复的。”她的看法真是精辟，工作只能使人对悲伤感到麻木，却无法起任何治疗作用，唯有信仰能使人康复。当我们遭受巨大心灵创伤的折磨时，我们当然不会真正感到快乐。

从容是解放心灵的良药

有一位教练常提醒队员说：“要想赢，就得慢慢地划桨。”也就是说，划桨的速度太快的话，会破坏船行的节拍；一旦搅乱节拍，要再度恢复正确的速度就相当困难了。欲速则不达，这是千古不变的法则。

所以不论是工作还是划船，都必须以正确而从容的步伐前进，这样心中及灵魂才能获得和平的力量，以稳定和谐的智慧指导神经及肌肉从事工作，如此一来，胜利也终将属于你。

要实践这个理论，就是每天必须有恒地实行维持健康的步骤，无论是洗澡、刷牙、运动，都要以和平的心态完成。另一方面，不妨拨一些空闲的时间从事洗净心灵的活动，譬如静坐，这是相当好的洁净心智的做法，一有时间就安坐一旁，舒放你的心灵，让你的眼睛自由自在地飞翔四方，想想曾经欣赏过的高山峻岭、夕雾的峡谷、鲤鱼跳跃的河流、月光倒映的水面……咀嚼复咀嚼，你的心就会舒坦地沉醉其中。

每二十四小时做一次冥想，尤其是在繁忙的时刻，停下手边的工作，和平地神游十分钟，让全身的神经及肌肉松弛下来，你的心就会得到平静人总难免有搅乱步伐的时候，当心中充满焦虑紧张、不知所措时，最好的办法就是完全停止一切活动，适时的放松自已吧！

我们生活在一个充满紧张的世界里。不安因素环绕在我们身边，城市中各种机器音响造成一片紧张。我们的脸上或言谈中随处都显现出一种紧张。紧张已完全深入我们的生活、工作。有些人很幸运，可以完全不让压力上身，也不让压力击倒他们，他们总是以从容的心态生活。

某种程度的紧张是必要的。正常的紧张可以让你保持奋发，不断刺激你，让你在高效率之下创造性地工作。但如果我们能学会控制紧张，那未尝也不是一件好事。我们要学会控制紧张，就像看电视一样，能开能关。这样才能运用紧张来为我们的目标服务。当紧张给我们形成高度的压力时，我们可以随时关上它。而当你需要轻松时，如果能从紧张中释放出来，就可以将所有压力排除。

事实上，把带来压力的紧张关掉，是可以做得到的。首先，集中你的心力。从眉毛开始，将双眉紧锁，再收紧下巴、唇部和咽喉部分的肌肉，一点也不放松。将这些肌肉绷紧，再往下到肩部，用力握紧双拳，收缩腹部肌肉，将膝盖压紧。最后让你的双脚用力踩着地面。

如果你照上面所说的做了，你全身的每一条肌肉已紧绷，就这样持续一分钟，感受你这样全身紧张需要用多大力量。

有许多人一天 24 小时都是这么紧张，可能不是同时全身肌肉都紧绷，也许一会儿是喉头，一会儿是肩膀，或者是大部分人都紧张的是胃部。如果总是这样紧张，许多体力都浪费了。紧张需要付出精力，除了造成疲劳和烦恼之外，什么好处也没有。

实际上，人在身体方面的压力，多由心理紧张而引起。我们内心被一个问题所困，身体也会被其所困。我们的肌肉会紧张起来，不知不觉就会使我们感到有压力。所以我们必须控制压力，保持冷静沉着。

人在紧张、繁忙的工作生活环境之外，应该有一个私人的休息场所，可以用来调整精神。因为“能力来源于沉默和信心”。要领悟生命的深层意义，一定不要受时间的束缚，而且保持身体和精神的安静。

成功的积极思考者是如何放松及保持心境稳定的呢？他们都遵循一套固定模式。举例来说，他们“研究过去的成功”。研究过去是如何成功的，然后再看是否可以把成功的技巧运用到一个工作上去。这样，你就知道你是可以做到的，再凭着你的冷静及沉着，便可以成功。

成功之后要分析一下成功的原因，看看是不是可以把成功的经验运用到下一项工作中。你会明白，紧张只屈从于平静的人。成功人士还应该学习如何组织，从而消除各种给自己带来紧张的因素。大多数成功的积极思考者都是明智之士。他们知道无法同时处理许多事，明白自己只是“团队”的一部分，团队之中仍有许多人很重要，必须学着训练和鼓励别人，并且相信他们可以处理好自己所负责的那部分工作。

这样的人就知道勇气和安宁的真正源头。他们有足够的心智可以理解精神的重要。知道精神越重要，自己就越渺小。如果你学会了如何保持平静，那么不论情况如何紧急，你都能泰然处之。

著名医师凯瑞尔说：“嫉妒、仇恨、恐惧之情，如果成了习惯，会使我的器官发生变化，产生疾病。”但是，也有的思想可以使我感到健康愉快，譬如爱心、信仰与和平的思想。这些思想须经由系统的引导，慢慢融入思想体系之中。

而生活中遇到的紧张状况，会影响你的心情，甚至会使血压升高，进而影响心脏和脾胃，你可以运用上述的健康思想改变心情，保持心理的正常和谐。坚持一周推行这种思维。每一则都要仔细阅读多遍，力求更深层次地理解，寻求每个字的意义，然后再一一记下。

另外一种消除紧张的方法，是你自己说话的方式。你可以试试看，当你一直说着紧张的事时，你便会开始变得容易紧张。嘴巴说的话正好可以反映出你的思想，这是互相影响的。当你心情紧张时，说话就会不由得嗓门变大。如果你不再说话紧张，慢慢的这种讲话习惯也会影响你的思想。所以你该试着让自己降低说话音调及速度，尽量使用平静的语调及字眼，这就可以改善你的紧张心理。

当你感到紧张时，可能的话，去度个假吧！将你的手表暂时摘下来，在生活中寻找并建立和平的小岛，学着储存一些能够放松自己的能量。如果你实在抛不开紧张的生活，要学会说："请等一下"这句话，使心灵中充满安宁的思想，保持冷静。避免匆忙地完成目标，学会后退计划，安排足够的时间来完成目标。如果能切实遵行上述要点，你便能轻松去享受一种安宁祥和的生活，外来的压力也就无法影响你了。